U0166730

“十三五”国家重点图书出版规划项目

中国南海岛屿大型真菌图鉴

Atlas of Macrofungi from Islands in the South China Sea

邓旺秋　张　明　钟祥荣◎主　编
李泰辉◎学术指导

SPM 南方出版传媒
广东科技出版社｜全国优秀出版社
·广　州·

图书在版编目（CIP）数据

中国南海岛屿大型真菌图鉴 / 邓旺秋等主编．—广州：广东科技出版社，2020.12
ISBN 978-7-5359-7455-6

Ⅰ．①中…　Ⅱ．①邓…　Ⅲ．①南海—岛—大型真菌—图集　Ⅳ．① Q949.320.8-64

中国版本图书馆 CIP 数据核字（2020）第 051296 号

中国南海岛屿大型真菌图鉴

出 版 人：朱文清
策　　划：罗孝政
责任编辑：区燕宜　于　焦　尉义明
封面设计：柳国雄
责任校对：廖婷婷　杨崚松
责任印制：彭海波
出版发行：广东科技出版社
（广州市环市东路水荫路 11 号　邮政编码：510075）
销售热线：020-37592148/37607413
http: //www.gdstp.com.cn
E-mail: gdkjcbszhb@nfcb.com.cn
经　　销：广东新华发行集团股份有限公司
印　　刷：广州市彩源印刷有限公司
（广州市黄埔区百合三路 8 号 201 房　邮政编码：510700）
规　　格：787mm×1 092mm　1/16　印张 15.75　字数 385 千
版　　次：2020 年 12 月第 1 版
2020 年 12 月第 1 次印刷
定　　价：148.00 元

《中国南海岛屿大型真菌图鉴》编委会

学术指导：李泰辉

主　　编：邓旺秋　张　明　钟祥荣

副 主 编：宋　斌　王超群　肖正端　夏业伟

编　　委（按姓氏拼音排序）：

陈香女　程慧娇　邓树方　贺　勇　黄　浩

黄　虹　黄秋菊　李骥鹏　李　鹏　李　挺

梁锡燊　林　敏　沈亚恒　宋宗平　涂铁要

伍利强　邢佳慧　徐　江　徐隽彦　闫文娟

张成花　周世浩　邹俊平　Md. Iqbal Hosen

作者简介

李泰辉，博士。早期师从广东省微生物研究所毕志树研究员、英国菌物学会前理事长 Roy Watling 博士，以及中山大学张宏达教授和屈良鹄教授等著名的真菌分类学家和植物分类学家。现任广东省微生物研究所华南微生物资源中心主任、华南应用微生物国家重点实验室副主任，二级研究员，博士生导师，中国科学院大学、华南理工大学和华南农业大学客座教授，中国菌物学会第五届和第六届理事会副理事长、第七届理事会菌物多样性与系统分类学专业委员会主任，广州市食品安全委员会专家委员，《菌物学报》《菌物研究》《食用菌学报》和 *Mycobiota* 等学术杂志编委，国务院特殊津贴和中国菌物学会戴芳澜杰出成就奖获得者。自 1980 年起从事大型真菌资源调查、分类与利用研究，为当今我国最活跃的大型真菌分类学家之一，发现新种（新变种）150 多个（包括一些重要的经济真菌和极毒蘑菇）。主持或参加 50 多项联合国、国家和省部级科研项目；制定毒蘑菇鉴别国家标准 1 项，发表论文 360 多篇（其中 SCI 论文 100 余篇）；出版专著 15 部，为《中国大型菌物资源图鉴》的主要作者之一；获得国家级和省级奖励 13 项。

邓旺秋，博士，研究员，硕士生导师，中国菌物学会理事，广东省生态学会理事，广州市食品药品特种设备安全专家委员会委员，《菌物研究》和《食用菌学报》编委会委员。师从我国著名真菌分类学家李泰辉研究员和姜子德教授，从事大型真菌资源分类与应用基础研究，先后主持国家和省部级各类科研项目10多项，其中主持国家自然科学基金项目5项；参加科技部973项目、科技基础专项、国家自然科学基金及省部级科研等项目近30项。对灵芝科、鹅膏科、粉褶蕈科、虫草等大型真菌有较深入的研究，首次发现并命名的大型真菌新种10多种；获国家发明专利5件；参与制定国家标准1项；发表论文80多篇，其中SCI论文40多篇。

张明，博士，助理研究员。自2009年起从事大型真菌资源与应用、系统发育与进化及生态学相关研究。主持和参与国家和省部级项目10余项，发表论文36篇（第一作者SCI论文13篇），合作出版著作《云南楚雄州大型真菌图鉴（I）》，参与《中国大型菌物资源图鉴》《车八岭大型真菌资源图鉴》编写工作。研究领域主要为华南热带亚热带地区大型真菌物种多样性、系统发育与进化，已发现并命名大型真菌新属3个，新种27种。

钟祥荣，硕士，毕业于华南农业大学农学院微生物学专业，师从李泰辉研究员和姜子德教授，负责南海热带岛屿的真菌资源调查与分类学研究。曾参与编写《云南楚雄州大型真菌图鉴（I）》，主要研究斜盖伞属和喇叭菌属相关类群，发现并命名了1个新种，发表SCI论文1篇。

内容简介

《中国南海岛屿大型真菌图鉴》是一部以图文并茂的形式反映南海岛屿大型真菌资源及其分类和分布的专著。本书涉及的南海岛屿包括广东、广西、海南沿岸岛屿及南海诸岛，这些岛屿分布于北回归线以南的海域，全年光照充足，雨量充沛，蕴藏着较为丰富的生物资源，为真菌的生长提供了极其有利的条件。本书记载了2门4纲14目46科105属203种大型真菌；按形态学划分为子囊菌、胶质菌、珊瑚菌、革菌、多孔菌/齿菌、鸡油菌、伞菌、牛肝菌和腹菌共9类；介绍了每种真菌的中文名、拉丁学名、形态特征、生境、分布及有关该菌相关信息的讨论、引证标本、采集时间和采集地点等；书末列有主要参考文献、真菌中文名索引和拉丁学名索引。书中附有真菌彩色生态照片200多幅。

本书可供菌物学及其相关学科科研人员、大专院校相关专业人员、菌物爱好者，以及食、药用菌开发经营人员参考。

前　言

岛屿生物区系是研究生物进化的天然实验室，从达尔文时代到分子生物学时代一直备受重视。由于岛屿与大陆相隔离，岛屿上的生物有自己特有或独立的生态系统。因此，在生物学研究领域中，岛屿生物占据特殊的地位，具有不可替代的意义。同时，岛屿上的生物受到威胁的程度要比其他许多地区严重得多，濒危种的数量也更大，因此《世界自然资源保护大纲》中，首先提及“岛屿，特别是热带和亚热带的海岛是物种受到威胁的集结地”，所以开展该区域生物资源多样性研究和保护极为重要。

一、南海岛屿的自然条件概况

我国南海岛屿数量众多，海岸线长。《中国海岛志 · 广东卷》和《中国海岛志 · 广西卷》记述了分布在周边的大小岛屿，数据显示：广东省是我国的海洋大省，有着得天独厚的海洋自然资源条件，大陆海岸线长达 3 368 km，占全国的 1/5，拥有海岛 1 431 个，其中面积 500 m^2 以上的海岛 759 个，岛岸线长 2 414 km，占全国岛岸线的 1/6。广西壮族自治区大陆海岸线全长 1 500 km，海岸沿线形成防城港、钦州港、北海港、铁山港、珍珠港、龙门港、企沙港等天然良港，沿海有岛屿 697 个，总面积 66.9 km^2。涠洲岛是广西沿海最大的岛屿，面积约 24.7 km^2。海南岛是我国第二大岛屿，地处热带，海岸线长达 1 528 km，生物资源丰富，热带山地雨林和红树林为中国少有的森林类型，全岛拥有维管植物 4 000 多种，占全国植物种类的 15%，有近 600 种

为海南特有种。南海诸岛由200个多个岛屿、沙洲、礁滩组成，大体上可分为四个组。东北部的一组称东沙群岛，由东沙岛及邻近几个暗礁组成，东沙岛海拔约5 m，面积约1.74 km^2，岛上植被繁茂。西部的一组称西沙群岛，由30多个岛屿、沙洲、礁滩组成，有高等植物生长，总面积约7.28 km^2，最高的岛屿石岛海拔15.9 m；面积最大的岛屿永兴岛只有1.85 km^2。西沙群岛的东南侧为中沙群岛，由很多暗滩和暗沙组成；其东面约160多海里处还有黄岩岛，岛上有高等植物生长。最南端的一组称南沙群岛，由200多个岛屿、沙洲、暗滩、暗礁和暗沙组成，其中岛屿及沙洲共22个，部分岛屿及沙洲有高等植物生长，岛屿及沙洲的总面积约1.657 8 km^2，最高的岛屿鸿庥岛海拔为6.1 m，最大的岛屿太平岛的面积为0.432 km^2。热带海岛地理位置特殊，属热带季风海洋气候，光热资源极为丰富，且雨量充沛，独特的土壤类型，形成了特有的热带岛屿植被。

二、南海岛屿的植被分布特征

广东沿海岛屿地处热带北缘和南亚热带过渡带，辐射强，日照时间长，热量充足，植被组成具有由热带雨林和季雨林向亚热带季风常绿阔叶林过渡的特征。由于长期的人为干扰和破坏，海岛的现有植被以灌木草坡为主。广东周边的海岛植被为旱中生性亚热带草坡、季风常绿阔叶林和马尾松林。现有森林植被以人工林为主，而且树种较为单调。以珠

江口附近海岛为例，岛上主要造林树种为马尾松、台湾相思、木麻黄、桉树和湿地松（曹洪麟 等，1996；吴德邻，1994）。

广西的涠洲岛是一座火山岛，岛上的土壤为火山灰质土，其海岸防护林带以木麻黄、苋麻、露兜簕、楝树、仙人掌等为主，海蚀崖侵蚀型岩石海岸、灌木林带以台湾相思、银合欢、仙人掌等为主。附近斜阳岛的环海岸带为防护林带，主要植被为红花树、台湾相思、银合欢及蕨类植物等（鲍安，2014）。

海南的西沙群岛地处低纬度，属于热带海洋季风性气候。雨量充沛，热量充足，气温高而稳定，年温和日温的变幅均较小，日照时数长，蒸发量大。岛屿与大陆相互隔绝，是一个较独立封闭的生态系统。岛屿与相邻岛屿或陆地在植物多样性方面存在着显著的差异。西沙群岛植物区系以热带成分为主，是我国热带珊瑚岛植物区系的典型代表，其区系成分

与海南岛植物区系联系最为密切。该群岛植物区系具有明显的热带性质，富含热带海岸成分，是我国热带珊瑚岛植物区系的典型代表及重要代表（童毅 等，2013）。西沙群岛共有维管植物约 200 种，物种数目较多的科属均具有热带分布的性质，如豆科、紫茉莉科、草海桐科、樟科、夹竹桃科、番杏科、白花菜科、藤黄科、粟米草科等；主要建群植物及优势种有草海桐、抗风桐、银毛树、海人树、海岸桐、红厚壳、海滨大戟等，多数种类为东半球热带海岛和海岸带常见先锋植物。

三、大型真菌资源的重要性

大型真菌是具有大型子实体的一类真菌，分布广泛，具有许多可食、药用的种类，如平菇、草菇、香菇、金针菇、灵芝、冬虫夏草等。仅食用菌产业，2019 年我国产值为 3 000 多亿元，居我国种植业第 5 位。大型真菌也是"创造系数"很高的生物资源，其次生代谢产物结构多样且新颖，也是现代药物和农药先导化合物的重要宝库，对工农业及医学等行业具有不可估量的作用（刘吉开，2004）。同时它们是森林生态系统中有机物分解还原的重要参与者，没有真菌，森林生态系统中的一些有机物将无法分解与循环利用；真菌与许多植物或其他生物间存在着共生关系，可以促进动植物的生长发育。

但是，大型真菌也会产生严重的危害。有些大型真菌能引起树木的严重病害，例如，毛皮伞和狭长孢灵芝等可引起热带作物产生严重病害；密褐褶菌、毛栓菌等数百种木腐菌可引起木材的腐朽，造成林木资源严重受损。当然，大型真菌对人们生命安全危害最大的是毒蘑菇。我国毒蘑菇中毒死亡人数占食物中毒死亡总人数的 25% ～ 55%（周静 等，2016），给人们的生命安全和社会经济稳定带来很大影响。因此，开展大型真菌资源调查研究，对科学认识和利用其中有益资源、预防有害种类的危害具有重要意义。

四、南海岛屿大型真菌物种多样性研究概况

作者所调查的南海岛屿包括广东、广西、海南等省区的 26 个以上的热带和亚热带区域岛屿（主要分布在北回归线以南地区）。由于海南岛本岛陆地面积较大，环境条件与其他海岛差别较大且已有较多的研究报道，不在本调查研究范畴。

自 2012 年以来，作者对广东、广西、海南的周边海岛大型真菌资源进行初步调查，考察的岛屿包括广东南澳岛、上川岛、下川岛、东澳岛、大万山岛、小万山岛、白沥岛、桂山岛、牛头岛、外伶仃岛、东海岛、硇洲岛、海陵岛，海南西瑁洲岛、蜈支洲岛、西沙群岛（永兴岛、七连屿），广西涠洲岛、斜阳岛等共计 26 个岛屿，以及广西防城港、山口镇附近的红树林；共组织野外考察和采集 27 次，179 天，采集标本 2 000 多份，拍摄相关照片 48.9 GB；鉴定大型真菌 354 种，隶属 2 门 6 纲 19 目 53 科 152 属，发现大型真菌新种 10 种（已发表新种 7 种）（图 1）；所有标本均保藏在广东省微生物研究所真菌标本馆（标本馆的国际代码为 GDGM），并录入物种中文名、拉丁学名、采集地、采集时间、采集人、形态照片、标本号等数据信息，建立了南海岛屿大型真菌资源信息数据库。

靴耳状粉褶蕈*Entoloma crepidotoides*

浅黄绒皮粉褶蕈*Entoloma flavovelutinum*

喇叭状粉褶蕈*Entoloma tubaeforme*

枝生裸脚伞*Gymnopus ramulicola*

假尖锥湿伞*Hygrocybe pseudoacutoconica*

白紫小皮伞*Marasmius albopurpureus*

纯黄竹荪*Phallus lutescens*

图 1　作者发表的海岛大型真菌新种

对各南海岛屿的大型真菌种类统计分析表明（图 2），下川岛、上川岛及南澳岛具有较高的物种多样性。对鉴定的 354 种大型真菌进行食、药、毒性评价，发现该区域有食用菌 44 种、药用菌 71 种、毒蘑菇 33 种。其中具有重要开发应用价值的食用菌包括间型鸡㙡 *Termitomyces intermedius*、花脸香蘑 *Lepista sordida*、洛巴伊大口蘑 *Macrocybe lobayensis*、纯黄竹荪 *Phallus luteus*；具有提高免疫力、抗肿瘤、抗疲劳等作用的重伞灵芝 *Ganoderma multipileum*、热带灵芝 *Ganoderma tropicum*、南方灵芝 *Ganoderma australe*、黑柄炭角菌 *Xylaria nigripes*、云芝 *Trametes versicolor* 等药用菌。常见的毒蘑菇有胃肠炎毒性的铅绿褶菇 *Chlorophyllum molybdites*、近江粉褶蕈 *Entoloma omiense*，以及神经精神毒性的古巴光盖伞 *Psilocybe cubensis*、变蓝斑褶菇 *Panaeolus cyanescens* 等。

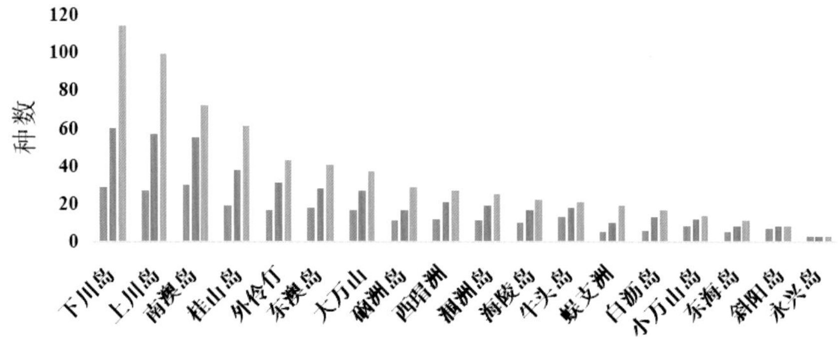

图 2　南海岛屿大型真菌分类统计

本书是南海岛屿大型真菌研究成果的一部分，全书精选了 203 种，选配了 200 多幅彩图，为我国第一部关于南海小型岛屿的大型真菌图鉴。虽然与已知种比较，本图鉴包括

的种类不算很多，但作者仍然希望，其出版可为广大读者认识南海热带和亚热带岛屿常见的大型真菌提供科学依据，为今后更全面的研究打下良好的基础。

五、南海岛屿大型真菌的分类学地位

本书描述的203种大型真菌物种属于子囊菌门（Ascomycota）和担子菌门（Basidiomycota）的种类，所有物种参照李玉等（2015）的种类排列方法，并根据实际内容略作改动，按宏观形态分为九大类群，即子囊菌、胶质菌、珊瑚菌、革菌、多孔菌 / 齿菌、鸡油菌、伞菌、牛肝菌和腹菌，各部分的种类则按其属名拉丁名字母顺序排列。南海岛屿大型真菌的分类地位主要参考 Index Fungorum 网站（http://www.Indexfungorum. org/Names/ Names.asp）中的分类系统，它们在现代真菌分类学系统中的地位如下。

本图鉴大型真菌在现代真菌分类学系统中的地位表

（同级分类单元以其拉丁学名顺序排列，置于其相同的上一级分类单元中）

真菌界 Fungi
- 子囊菌门 Ascomycota
  - 盘菌亚门 Pezizomycotina
    - 粪壳菌纲 Sordariomycetes
      - 炭角菌亚纲 Xylariomycetidae
        - 炭角菌目 Xylariales
          - 炭角菌科 Xylariaceae
            - 轮层炭壳菌属 *Daldinia*
            - 炭角菌属 *Xylaria*
- 担子菌门 Basidiomycota
  - 蘑菇亚门 Agaricomycotina
    - 蘑菇纲 Agaricomycetes
      - 蘑菇亚纲 Agaricomycetidae
        - 蘑菇目 Agaricales
          - 蘑菇科 Agaricaceae
            - 蘑菇属 *Agaricus*
            - 灰球菌属 *Bovista*
            - 秃马勃属 *Calvatia*
            - 青褶伞属 *Chlorophyllum*
            - 鬼伞属 *Coprinus*
            - 黑蛋巢菌属 *Cyathus*
            - 囊皮伞属 *Cystoderma*
            - 海氏菇属 *Heinemannomyces*

环柄菇属 *Lepiota*

白鬼伞属 *Leucocoprinus*

马勃属 *Lycoperdon*

小蘑菇属 *Micropsalliota*

鹅膏科 Amanitaceae

鹅膏属 *Amanita*

粪锈伞科 Bolbitiaceae

锥盖伞属 *Conocybe*

珊瑚菌科 Clavariaceae

扁枝瑚菌属 *Scytinopogon*

粉褶蕈科 Entolomataceae

斜盖伞属 *Clitopilus*

粉褶蕈属 *Entoloma*

轴腹菌科 Hydnangiaceae

蜡蘑属 *Laccaria*

蜡伞科 Hygrophoraceae

湿伞属 *Hygrocybe*

丝盖伞科 Inocybaceae

靴耳属 *Crepidotus*

丝盖伞属 *Inocybe*

离褶伞科 Lyophyllaceae

蚁巢伞属 *Termitomyces*

小皮伞科 Marasmiaceae

小孢伞属 *Baeospora*

风铃菌属 *Calyptella*

脉褶菌属 *Campanella*

毛皮伞属 *Crinipellis*

老伞属 *Gerronema*

小皮伞属 *Marasmius*

四角孢伞属 *Tetrapyrgos*

小菇科 Mycenaceae

小菇属 *Mycena*

类脐菇科 Omphalotaceae

裸脚伞属 *Gymnopus*

微皮伞属 *Marasmiellus*

新假革耳属 *Neonothopanus*

泡头菌科 Physalacriaceae

奥德蘑属 *Hymenopellis*

侧耳科 Pleurotaceae

侧耳属 *Pleurotus*

光柄菇科 Pluteaceae

光柄菇属 *Pluteus*

草菇属 *Volvariella*

托光柄菇属 *Volvopluteus*

小脆柄菇科 Psathyrellaceae

小鬼伞属 *Coprinellus*

拟鬼伞属 *Coprinopsis*

小脆柄菇属 *Psathyrella*

裂褶菌科 Schizophyllaceae

裂褶菌属 *Schizophyllum*

球盖菇科 Strophariaceae

田头菇属 *Agrocybe*

层腹菌科 Hymenogastraceae

裸伞属 *Gymnopilus*

裸盖菇属 *Psilocybe*

口蘑科 Tricholomataceae

香蘑属 *Lepista*

大口蘑属 *Macrocybe*

铦囊蘑属 *Melanoleuca*

科地位未定类群 Incertae sedis

雅薄伞属 *Delicatula*

斑褶菇属 *Panaeolus*

牛肝菌目 Boletales

牛肝菌科 Boletaceae

粉末牛肝菌属 *Pulveroboletus*

粉孢牛肝菌属 *Tylopilus*

小牛肝菌科 Boletinellaceae

脉柄牛肝菌属 *Phlebopus*

硬皮马勃科 Sclerodermataceae

豆马勃属 *Pisolithus*

硬皮马勃属 *Scleroderma*

干腐菌科 Serpulaceae

干腐菌属 *Serpula*

乳牛肝菌科 Suillaceae

乳牛肝菌属 *Suillus*

鬼笔亚纲 Phallomycetidae

地星目 Geastrales

地星科 Geastraceae

地星属 *Geastrum*

鬼笔目 Phallales

鬼笔科 Phallaceae

散尾鬼笔属 *Lysurus*

蛇头菌属 *Mutinus*

鬼笔属 *Phallus*

亚纲地位未定类群 Incertae sedis

淀粉质伏革菌目 Amylocorticiales

淀粉质伏革菌科 Amylocorticiaceae

变孔菌属 *Anomoporia*

木耳目 Auriculariales

木耳科 Auriculariaceae

木耳属 *Auricularia*

鸡油菌目 Cantharellales

鸡油菌科 Cantharellaceae

鸡油菌属 *Cantharellus*

褐褶菌目 Gloeophyllales

褐褶菌科 Gloeophyllaceae

褐褶菌属 *Gloeophyllum*

锈革菌目 Hymenochaetales

锈革菌科 Hymenochaetaceae

毛孔菌属 *Coltricia*

木层孔菌属 *Phellinus*

叶孔菌属 *Phylloporia*

多孔菌目 Polyporales

白肉迷孔菌科 Fomitopsidaceae

迷孔菌属 *Daedalea*

灵芝科 Ganodermataceae

假芝属 *Amauroderma*

灵芝属 *Ganoderma*

血芝属 *Sanguinoderma*

耙齿菌科 Irpicaceae

黄囊孔菌属 *Flavodon*

耙齿菌属 *Irpex*

平革菌科 Phanerochaetaceae

柄杯菌属 *Podoscypha*

伪壶担菌属 *Pseudolagarobasidium*

多孔菌科 Polyporaceae

布氏孔菌属 *Bresadolia*

革孔菌属 *Coriolopsis*

拟迷孔菌属 *Daedaleopsis*

俄氏孔菌属 *Earliella*

层孔菌属 *Fomes*

粗盖孔菌属 *Funalia*

拟浅孔菌属 *Grammothelopsis*

蜂窝菌属 *Hexagonia*

白栓菌属 *Leiotrametes*

香菇属 *Lentinus*

脊革菌属 *Lopharia*

革耳属 *Panus*

多年卧孔菌属 *Perenniporia*

多孔菌属 *Polyporus*

密孔菌属 *Pycnoporus*

干皮孔菌属 *Skeletocutis*

色孔菌属 *Tinctoporellus*

栓孔菌属 *Trametes*

干酪菌属 *Tyromyces*

齿耳菌科 Steccherinaceae

黑孔菌属 *Nigroporus*

红菇目 Russulales

耳匙菌科 Auriscalpiaceae

耳匙菌属 *Auriscalpium*

瘤孢孔菌科 Bondarzewiaceae

刺孢齿耳菌属 *Stecchericium*

茸瑚菌科 Lachnocladiaceae

皮垫革菌属 *Scytinostroma*

红菇科 Russulaceae

红菇属 *Russula*

韧革菌科 Stereaceae

木革菌属 *Xylobolus*

革菌目 Thelephorales

坂氏齿菌科 Bankeraceae

革菌属 *Thelephora*

花耳纲 Dacrymycetes

花耳亚纲 Dacrymycetidea

花耳目 Dacrymycetales

花耳科 Dacrymycetaceae

桂花耳属 *Dacryopinax*

银耳纲 Tremellomycetes

银耳亚纲 Tremellomycetidea

银耳目 Tremellales

银耳科 Tremellaceae

银耳属 *Tremella*

链担耳科 Sirobasidiaceae

链担耳属 *Sirobasidium*

六、致谢

本书的完成得到了科技部科技基础专项项目（2013FY111200）、国家自然科学基金项目（31670018）和广东省科技计划项目（2017A030303050）的资助。在南海岛屿的大型真菌标本采集、鉴定和资料收集等方面，得到了中国科学院华南植物园张奠湘研究员和涂铁要副研究员，中国科学院微生物研究所郭良栋研究员，北京林业大学戴玉成教授和崔宝凯教授，华南农业大学姜子德教授，中国科学院昆明植物研究所杨祝良研究员，中国疾控中心职业卫生与中毒控制所李海蛟博士，湖南师范大学陈作红教授和张平教授等的大力支持和帮助！

本书作者对所有给予支持和帮助的单位和个人，在此表示衷心的感谢！

编　者

2020 年 11 月

目 录

子囊菌

胶质菌

珊瑚菌

革菌

多孔菌 / 齿菌

鸡油菌

伞菌

牛肝菌

腹菌

子囊菌

黑轮层炭壳

Daldinia concentrica (Bolton) Ces. & De Not.

子座宽 5 ～ 8 cm，高 3 ～ 6 cm，扁球形至不规则土豆形，多群生，初紫褐色至暗紫红褐色，后紫黑褐色，表面近光滑，成熟时出现不明显的子囊壳孔口。子座内部木炭质，剖面有黑白相间或部分黑色至紫蓝黑色的同心环纹。子座色素在氢氧化钾中呈淡茶褐色。子囊壳埋生于子座外层，往往有点状的小孔口。子囊 120 ～ 200 μm×10 ～ 12 μm，子囊孢子 12.5 ～ 14.5 μm×6 ～ 7 μm，近椭圆形或近肾形，光滑，暗褐色，发芽孔线形。

生境｜生于阔叶树腐木和腐树皮上。

分布及讨论｜各地区均有分布。有毒，但可药用。

引证标本｜ GDGM57020，2013 年 7 月 23 日徐江和周世浩采集于广西壮族自治区北海市涠洲岛。

光输层炭壳

Daldinia eschscholtzii (Ehrenb.) Rehm

子座扁球形，无柄，光滑，宽 2 ～ 5 cm，高 1 ～ 2 cm，单生或相互连接。外子囊座薄而脆，暗褐色至黑色，内子座暗褐色，纤维质，有同心环带。子囊壳单层排列，椭圆形至棒形，孔口极不明显。子囊柱状，大小为 160 ～ 200 μm×8 ～ 10 μm，内含 8 个子囊孢子。子囊孢子 9 ～ 14 μm×4.5 ～ 6 μm，不等边椭圆形，光滑，暗褐色，有微细芽缝。

生境｜夏秋季生于阔叶树的树皮上。

分布及讨论｜华中和华南等地区。用途未明。

引证标本｜ GDGM58300，2014 年 4 月 20 日徐江和周世浩采集于广西壮族自治区北海市涠洲岛。

黑柄炭角菌

Xylaria nigripes (Klotzsch) Cooke.

子座地上部分长 6.5 ～ 12 cm，直径 8 ～ 9 mm，通常不分枝，有时具少数分枝，棍棒状，顶部圆钝，灰褐色至黑褐色，新鲜时革质，干后硬木栓质至木质。可育部分表面粗糙。不育菌柄约占地上部分长度的 1/3 ～ 1/2，近光滑至稍有裂纹，地下部分常呈假根状，弯曲，硬木质。子囊圆柱状，30 ～ 40 μm×3.5 ～ 4.5 μm，子囊孢子 4 ～ 6 μm×2 ～ 3 μm，近椭圆形，黑色，厚壁，非淀粉质，不嗜蓝。

生境｜夏秋季生于阔叶林中地上，通常深入地下与白蚁窝相连。

分布及讨论｜华中和华南等地区。可药用。

引证标本｜ GDGM57684，2013 年 5 月 20 日宋斌、李挺和王超群采集于广东省珠海市万山岛。

胶质菌

毛木耳

Auricularia cornea Ehrenb.

子实体一年生，直径 6 ～ 12 cm，厚 0.5 ～ 1.5 mm，多呈杯盘状或贝壳形，厚，盖表面平滑，棕褐色至黑褐色，胶质，有弹性，中部凹陷，边缘锐且通常上卷。不育面中部常收缩成短柄状，与基质相连，密被长绒毛，暗灰色。担孢子 11 ～ 14 μm×4.5 ～ 6 μm，腊肠形，无色，薄壁，平滑。

生境｜夏秋季通常群生于多种阔叶树倒木和腐木上。

分布及讨论｜各地区均有分布。著名食药用菌。

引证标本｜ GDGM57848，2013 年 7 月 28 日李泰辉、黄浩和夏业伟采集于广东省珠海市大万山岛。

皱木耳

Auricularia delicata (Mont.) Henn.

子实体长 3 ～ 5 cm，宽 4 ～ 6 cm，无柄，扇形或贝壳形，胶质。不育面稍具绒毛，非光滑或呈皱褶，褐色至红褐色。子实层表面呈明显的褶皱，具不规则网状棱纹，粉褐色。担孢子 10 ～ 13 μm×5 ～ 6 μm，长椭圆形至不规则柱形，无色，光滑。

生境｜夏季叠生或群生于阔叶树腐木上。

分布及讨论｜华中和华南等地区。食药用菌。

引证标本｜ GDGM59207，2017 年 7 月 18 日钟祥荣、黄浩和黄秋菊采集于广东省江门市下川岛。

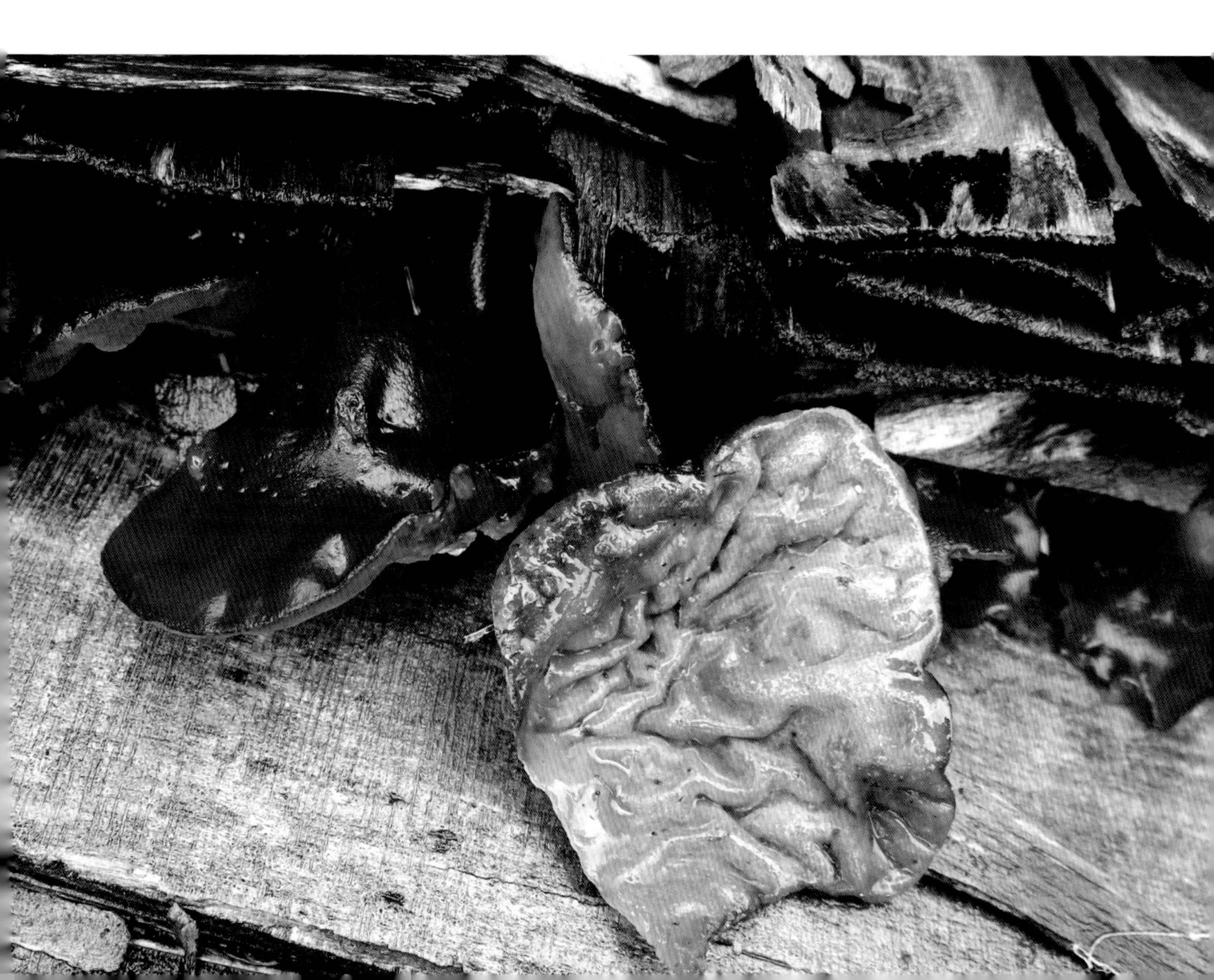

桂花耳

Dacryopinax spathularia (Schwein.) G. W. Martin

子实体高 1 ～ 3 cm，柄下部直径 0.3 ～ 0.5 cm，具细绒毛，橙黄色或橙色，基部栗黄褐色，延伸入腐木裂缝中。担子 2 分叉，2 孢。担孢子 8 ～ 15 μm×3 ～ 5 μm，椭圆形至肾形，无色，光滑，初期无横隔，后期形成 1 ～ 2 横隔。

生境｜春季至晚秋群生或丛生于杉木等针叶树倒腐木或木桩上。

分布及讨论｜各地区均有分布。可药用。

引证标本｜ GDGM59902，2013 年 4 月 23 日徐江和周世浩采集于广东省江门市下川岛。

大链担耳

Sirobasidium magnum Boedijn

子实体直径 2 ～ 6 cm，表面光滑、多皱褶，由泡囊状的瓣片，鲜时黄褐色至棕褐色或赤褐色，干后棕褐色至棕黑色。菌肉胶质。下担子 12 ～ 28 μm×6 ～ 12 μm，近球形至梭形，具纵分隔。担孢子 6 ～ 9.5 μm×6 ～ 9 μm，球形至近球形，有小尖，无色，透明。

生境｜夏秋季生于阔叶树倒木上。

分布及讨论｜华南地区。用途未明。

引证标本｜ GDGM57158，2013 年 7 月 28 日李泰辉、黄浩和夏业伟采集于广东省珠海市大万山岛。

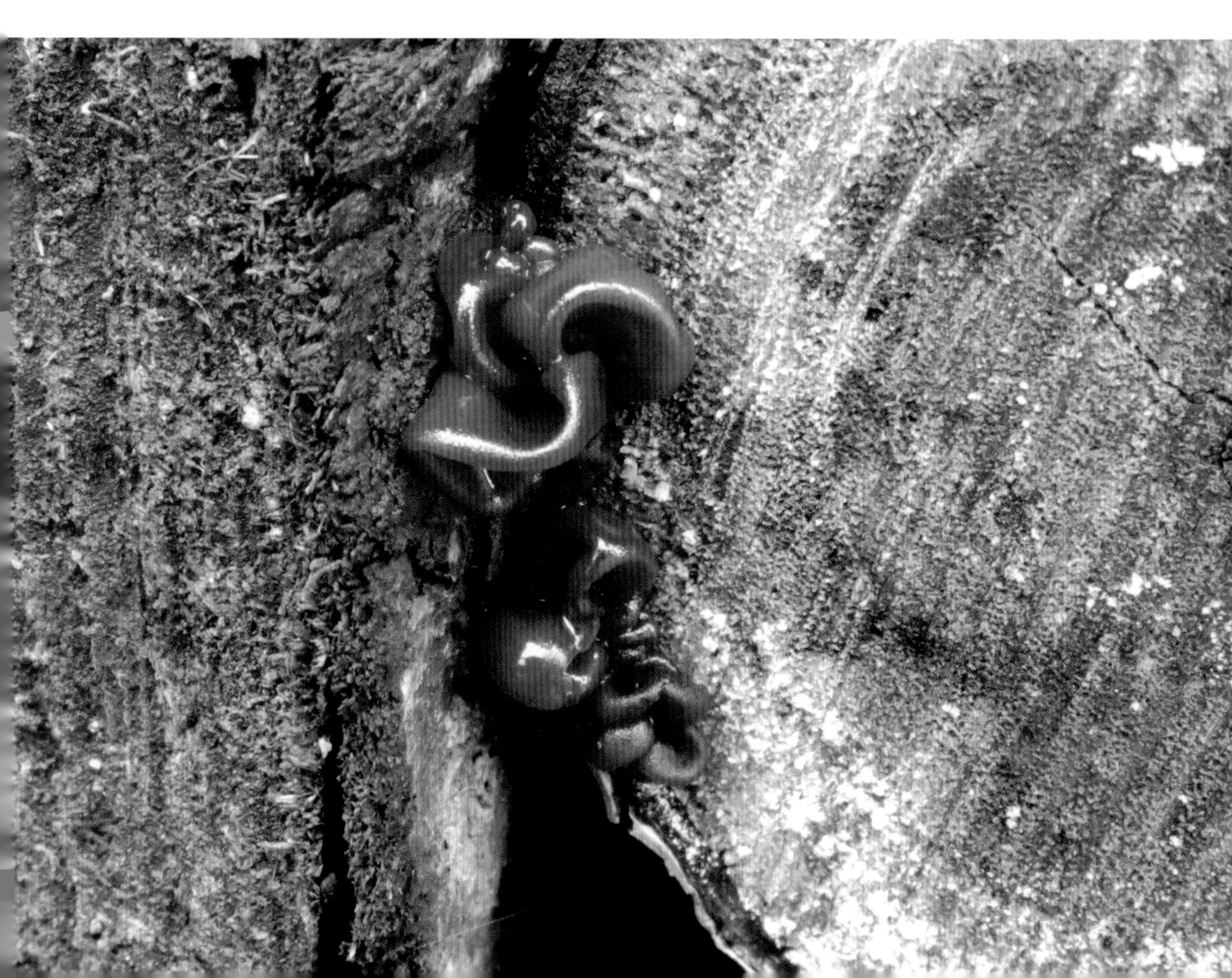

银耳

Tremella fuciformis Berk.

子实体小至中型，菌盖直径4～8 cm，白色，透明，干时黄白色，黏滑，胶质，成熟后瓣片薄而卷曲。有隔担子 8 ～ 12 μm×5 ～ 7 μm，宽卵形，有2 ～ 4 个斜隔膜，无色，小梗长 2 ～ 5 μm，生于顶部，常弯曲，无色。担孢子直径 5 ～ 7 μm，近球形，光滑，无色。

生境｜夏秋季群生于阔叶树的腐木上。

分布及讨论｜各地区均有分布。著名食药用菌。

引证标本｜ GDGM57482，2015 年 5 月 10 日李泰辉、李挺和夏业伟采集于广东省汕头市南澳岛。

珊瑚菌

扁枝瑚菌

Scytinopogon sp.

子实体高 3 ～ 5 cm，珊瑚状，分枝多，菌柄白色至淡灰色，基部有白色菌丝体。分枝两侧压扁，米色至淡黄色，顶端钝，白色。菌肉白色，质地较硬。担孢子 7 ～ 8.5 μm×4.5 ～ 6 μm，近杏仁形至近椭圆形，具疣突。

生境｜夏秋季生于林中地上。

分布及讨论｜华南地区。用途未明。

引证标本｜GDGM59245，2017 年 7 月 13 日钟祥荣、黄浩和黄秋菊采集于广东省江门市上川岛。

革菌

亚洲拟浅孔菌

Grammothelopsis asiatica Y. C. Dai & B. K. Cui

子实体一年生，平伏，贴生，不易与基物剥离，木栓质，长 8 cm，宽 2 cm，厚 0.5 mm。孔口表面奶油色至灰白色，圆形至多角形，每毫米 3 ～ 4 个，边缘薄，全缘或略呈撕裂状。菌肉奶油色至污白色。菌管与子实体表面同色。担孢子 10.5 ～ 13 μm×5.5 ～ 6 μm，椭圆形至长椭圆形，无色，厚壁，光滑，非淀粉质，弱嗜蓝。

生境｜春季至秋季生于阔叶树倒木上，造成木材白色腐朽。

分布及讨论｜华南地区。用途未明。

引证标本｜ GDGM40942，2012 年 3 月 27 日李泰辉、黄浩和周世浩采集于广东省江门市下川岛。

热带丝齿菌

Hyphodontia tropica Sheng H. Wu

子实体一年生，平伏，紧贴于基物上，木栓质，长可达 28 cm，宽可达 10 cm，厚可达 5 mm。孔口表面白色至浅黄色，具折光反应，圆形或近圆形至不规则形，每毫米 6 ～ 8 个，边缘薄，全缘或撕裂状。不育边缘明显。菌肉层奶油色。菌管奶油色至淡黄色。担孢子 3.5 ～ 4 μm×3 ～ 3.5 μm，广椭圆形至近球形，无色，薄壁，光滑，非淀粉质，不嗜蓝。

生境｜夏秋季生长于阔叶树的落枝、倒木、树桩和腐朽木上，造成木材白色腐朽。

分布及讨论｜华南和华中等地区。用途未明。

引证标本｜ GDGM40884，2012 年 4 月 12 日李泰辉、张明、李挺和闫文娟采集于广东省汕头市南澳岛。

污白平革菌

Phanerochaete sordida (P. Karst.) J. Erikss. & Ryvarden

子实体平伏，成片贴生于基物上，膜质至纸质，长可达 150 cm，宽 15 cm，厚 2 mm。子实层体光滑，有时有粒状突起，干时偶有稀疏裂纹，乳白色至乳黄色，干时颜色略深。不育边缘不明显至几乎无。担孢子 5 ～ 7 μm，子实层 5 ～ 3.5 μm，卵形至椭圆形，无色，薄壁。

生境｜秋季生于阔叶树、腐木及储木上，造成木材白色腐朽。

分布及讨论｜华中和华南等地区。用途未明。

引证标本｜ GDGM42875，2013 年 3 月 25 日徐江和周世浩采集于海南省三亚市蜈支洲岛。

美丽柄杯菌

Podoscypha venustula (Speg.) D. A. Reid

子实体一年生，杯状，菌盖宽 1 ～ 2 cm，淡黄色至黄褐色，边缘波状，有时开裂，具棕黄色环纹。菌肉薄，革质。菌柄长 1 ～ 2.5 cm，直径 1 ～ 3 mm，圆柱状，颜色较菌盖深，棕褐色至黑色，中空，表面具纵向沟纹。担孢子 7.5 ～ 9 μm×5 ～ 5.5 μm，椭圆形，表面光滑。

生境｜夏秋季生长于草地上。

分布及讨论｜华中和华南等地区。用途未明。

引证标本｜ GDGM59273，2017 年 7 月 16 日钟祥荣、黄浩和黄秋菊采集于广东省江门市下川岛。

革菌

白色伪壶担菌

Pseudolagarobasidium calcareum (Cooke & Massee) Sheng H. Wu

子实体一年生，平伏，贴生，不易与基物剥离，新鲜时白色至黄白色，肉质至软革质，干后乳黄色至浅黄褐色，革质至软木栓质，长 10 cm，宽 2 cm，厚 1.2 mm。子实层体短齿状，干后不规则开裂。菌齿排列紧密，通常剥离，有时合生，每毫米 4 ～ 7 个，锥形，干后脆质，易碎。菌肉层薄，干后软木栓质。担孢子 3.5 ～ 4.5 μm×3 ～ 3.5 μm，宽椭圆形至近球形，无色，薄壁，光滑，非淀粉质，不嗜蓝。

生境｜秋季生于阔叶树倒木上，造成木材白色腐朽。

分布及讨论｜华南地区。用途未明。

引证标本｜ GDGM42870，2013 年 3 月 25 日徐江和周世浩采集于海南省三亚市蜈支洲岛。

奶色皮垫革菌

Scytinostroma galactinum (Fr.) Donk

子实体一年生，平伏，不易与基物剥离，革质，乳白色、奶油色至黄白色，边缘变薄和颜色变浅，干后韧革质，浅黄色至黄褐色，长 5 cm，宽 15 cm，厚 1 mm。子实层体初期光滑，后期有时具小疣突。担孢子 4.5 ～ 6 μm× 3 ～ 4 μm，椭圆形，无色，厚壁，光滑，非淀粉质，不嗜蓝。

生境｜秋季生于松树倒木和腐木上，造成木材白色腐朽。

分布及讨论｜东北和华南等地区。用途未明。

引证标本｜ GDGM57125，2013 年 7 月 25 日李泰辉、黄浩和夏业伟采集于广东省珠海市大万山岛。

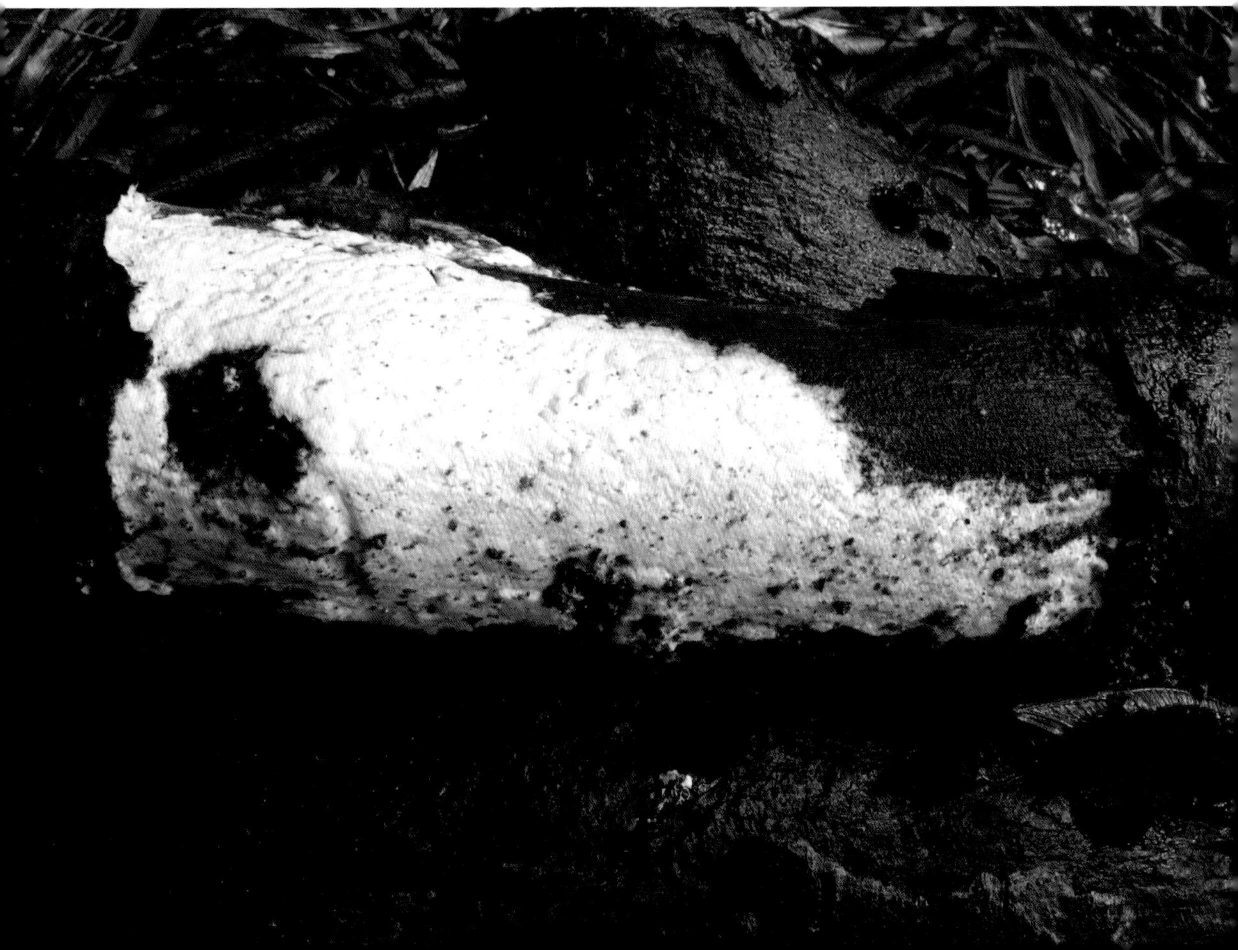

掌状革菌

Thelephora palmata (Scop.) Fr.

子实体多分枝直立，上部由扁平的裂片组成，高 2 ~ 7 cm，灰紫褐色或黄褐色至暗褐色，顶部色浅，并具深浅不同的环带，干时全体呈锈褐色。菌柄较短，幼时基部近白色，后呈暗灰色至紫褐色。菌肉近纤维质或革质，担孢子 8 ~ 10 μm×6 ~ 9 μm，角形具刺状突起，浅黄褐色。

生境｜夏秋季丛生或群生于松林或阔叶林中沙地上。

分布及讨论｜东北、华中和华南等地区。可药用。

引证标本｜ GDGM57166，2013 年 7 月 29 日李泰辉、黄浩和夏业伟采集于广东省珠海市牛头岛。

红木色孔菌

Tinctoporellus epimiltinus (Berk. & Broome) Ryvarden

子实体一年生至多年生，平伏，贴生，极难与基物剥离，硬木质，易碎，长达 230 cm，宽达 50 cm，厚达 2 mm。孔口表面初期灰色至灰红色，触摸后变为红褐色，具弱折光反应，多角形至圆形，每毫米 7 ～ 9 个，边缘薄，全缘至略呈撕裂状。菌肉红褐色。菌管灰红褐色。担孢子 3.5 ～ 4 μm×2.5 ～ 3.5 μm，宽椭圆形至近球形，无色，薄壁，光滑，非淀粉质，不嗜蓝。

生境｜春季至秋季生于阔叶树腐木上，造成木材白色腐朽。

分布及讨论｜华南地区。用途未明。

引证标本｜ GDGM42872，2013 年 3 月 25 日徐江和周世浩采集于海南省三亚市蜈支洲岛。

多孔菌 / 齿菌

厦门假芝

Amauroderma amoiense J. D. Zhao & L. W. Hsu

子实体一年生，有柄，木栓质。菌盖近圆形或不规则形，外伸 4 ～ 10 cm，宽 4.5 ～ 7 cm，厚 4 ～ 7 mm，表面无似漆样光泽，具同心环状颜色深浅相间的环沟，通常污褐色、褐色至暗褐色，放射状纵皱显著，凹凸不平，边缘薄，暗褐色，稍向内卷，完整或瓣裂。菌肉呈灰褐色至黑色，厚 1 ～ 3.5 mm。菌管长 1 ～ 3 mm，与菌肉同色，孔面暗褐色至黑褐色，新鲜时触之变色，管口略圆形，每毫米 5 ～ 6 个。菌柄近中生、偏生或侧生，弯曲，圆柱形或扁圆形，长 5 ～ 10 cm，直径 8 ～ 10 mm ，与菌盖同色。担孢子 9 ～ 11 μm× 7.5 ～ 10 μm，近球形，无色或淡黄色，双层壁，外壁无色透明，平滑。

生境｜春季至秋季生于腐木上。

分布及讨论｜华中和华南等地区。可药用。

引证标本｜ GDGM48208，2017 年 3 月 2 日黄浩和贺勇采集于广东省汕头市南澳岛。

皱盖假芝

Amauroderma rude (Berk.) Torrend

子实体一年生，具侧生柄，干后硬木栓质。菌盖半圆形或不规则形，外伸可达 9 cm，宽可达 13 cm，基部厚可达 3 cm，表面黑色，具明显的环沟和放射状纵沟，具漆样光泽。孔口表面肉桂色至锈褐色，圆形，每毫米 3 ～ 4 个，边缘厚，全缘。不育边缘明显，深褐色至黑色，宽可达 3 mm。菌肉表面形成皮壳，厚可达 1.5 cm。菌管茶褐色，长可达 2 cm。菌柄与菌盖同色，长可达 13 cm，直径可达 2.3 cm。担孢子 9.5 ～ 13 μm×8 ～ 11 μm，近圆形，无色至浅黄色，双层壁，外壁光滑、无色，内壁具小刺，非淀粉质，嗜蓝。

生境 | 春季至秋季生于阔叶树腐木上，造成木材白色腐朽。

分布及讨论 | 华南等地区。可药用。

引证标本 | GDGM57148，2017 年 7 月 17 日钟祥荣、黄浩和黄秋菊采集于广东省江门市下川岛。

柔丝变孔菌

Anomoporia bombycina (Fr.) Pouzar

子实体一年生，平伏，易与基物剥离，新鲜时软，干后脆质，长可达 18 cm，宽可达 10 cm，厚可达 1 mm。边缘无色至微淡灰黄褐色，具少量菌索。孔口表面污白色或淡褐色至土黄褐色，无折光反应，略圆，多角形或不规则形，每毫米 2 ～ 4 个，边缘薄，全缘。菌肉很薄，淡灰黄色，厚可达 0.1 mm。菌管与孔口表面同色，长可达 1 mm。担孢子 6 ～ 7 μm×4 ～ 5 μm，宽椭圆形，无色，薄壁，淀粉质，不嗜蓝。

生境｜秋季生于针叶树腐木上，造成木材褐色腐朽。

分布及讨论｜东北、西北和华南等地区。用途未明。

引证标本｜ GDGM58320，2014 年 4 月 27 日徐江和夏业伟采集于广东省湛江市硇洲岛。

耳匙菌

Auriscalpium vulgare Gray

子实体一年生，具中生菌柄，新鲜时革质至软木栓质，干后木栓质至木质。菌盖圆形，直径 1 ～ 2 cm，中部厚可达 1 mm，表面灰褐色至红褐色，被硬毛，边缘锐。菌齿圆柱形，末端渐尖，每毫米 2 ～ 3 个，褐色，脆质，易碎，长可达 1 mm。菌肉干后褐色，木栓质，无环区，厚可达 0.2 mm。担孢子 5 ～ 6.5 μm×4 ～ 4.5 μm，宽椭圆形，具小疣突，淀粉质。

生境｜夏秋季单生或数个聚生于松科植物的球果上。

分布及讨论｜各地区均有分布。用途未明。

引证标本｜GDGM57310，2013 年 6 月 26 日李泰辉、张明和李鹏采集于广东省汕头市南澳岛。

湿布氏孔菌

Bresadolia uda (Jungh.) Audet

子实体一年生，具侧生柄，菌盖扇形，外伸 3 ～ 5 cm，宽 5 ～ 8 cm，表面褐色至棕褐色，布满棕黑色斑点，边缘锐，新鲜时革质至软木栓质，干后木栓质。菌孔表面白色，圆形至多角形。菌肉白色至奶白色，厚达 1.5 mm。菌柄短，与菌盖同色，长 1.3 ～ 1.6 cm，直径 1 ～ 1.3 cm。担孢子 9 ～ 14.5 μm×3.5 ～ 5 μm，长椭圆形至棍棒状，表面光滑。

生境｜夏秋季生于腐木上。

分布及讨论｜华南地区。用途未明。

引证标本｜ GDGM59098，2017 年 7 月 10 日黄浩、钟祥荣和黄秋菊采集于广东省珠海市外伶仃岛。

喜红毛孔菌

Coltricia pyrophila (Wakef.) Ryvarden

子实体一年生，具中生柄。菌盖略圆形至漏斗形，直径 3 ～ 5 cm，中部厚 1.5 mm。菌盖表面新鲜时红褐色至黄褐色，具不明显的同心环区，被微绒毛，边缘薄，锐。孔口表面新鲜时污白色至浅灰色，手触后变黄色至黄褐色，多角形，每毫米 3 ～ 4 个，边缘薄，全缘。菌肉干后浅黄褐色，软革质，厚 1 mm。菌管与孔口表面同色，干后易碎，长 0.5 mm。菌柄暗红褐色，长 2 ～ 3 cm，直径 0.6 ～ 1 cm。担孢子 7 ～ 9 μm×4 ～ 5 μm，广椭圆形，浅黄色，厚壁，光滑，非淀粉质，不嗜蓝。

生境｜夏秋季单生于阔叶林中地上，造成木材白色腐朽。

分布及讨论｜华中和华南地区。用途未明。

引证标本｜ GDGM73066，2015 年 8 月 4 日黄浩和李挺采集于广东省珠海市东澳岛。

铁色集毛孔菌

Coltricia sideroides (Lév.) Teng

子实体一年生，具中生柄，新鲜时软木栓质。菌盖圆形或漏斗形，直径 2 ～ 5 cm，中部厚可达 3 mm，表面锈褐色，具不明显的同心环纹，光滑，边缘锐，干后内卷。孔口表面红褐色，多角形，每毫米 3 ～ 5 个。菌肉暗褐色，革质，厚可达 2 mm。菌管灰褐色，明显比菌肉颜色浅，干后脆质，长可达 2 mm。菌柄红褐色，木栓质，具微绒毛，长 2 ～ 3 cm，直径 0.3 ～ 0.6 mm。担孢子 6 ～ 7 μm×5 ～ 6 μm，广椭圆形至近球形，浅黄色，厚壁，光滑，非淀粉质，嗜蓝。

生境｜夏秋季生于针叶林中地上，造成木材白色腐朽。

分布及讨论｜华南等地区。用途未明。

引证标本｜ GDGM58614，2016 年 3 月 30 日徐江、宋宗平和李挺采集于广东省珠海市东澳岛。

粗糙革孔菌

Coriolopsis aspera (Jungh.) Teng

子实体一年生，无柄，覆瓦状叠生，新鲜时革质，具芳香味，干后硬革质。菌盖半圆形或扇形，外伸 3 ～ 5 cm，宽 6 ～ 8 cm，中部厚可达 1.5 cm，表面新鲜时暗黄褐色至铁锈色，并具暗色斑点，具明显的同心环纹。孔口表面初期黄白色，干后肉桂褐色至暗褐色，圆形至不规则形，每毫米5～6个，边缘稍厚，全缘。不育边缘明显，宽可达 2 mm。菌肉褐色，硬革质，厚可达 10 mm。菌管浅黄褐色，硬革质，长可达 6 mm。担孢子 9 ～ 10.5 μm× 3.4 ～ 4.5 μm，圆柱形，无色，薄壁，光滑，非淀粉质，不嗜蓝。

生境｜夏秋季生于阔叶树倒木和腐木上，造成木材白色腐朽。

分布及讨论｜华北、华中和华南等地区。用途未明。

引证标本｜ GDGM57370、GDGM59097，2017 年 7 月 10 日钟祥荣、黄浩和黄秋菊采集于广东省珠海市外伶仃岛。

光盖革孔菌

Coriolopsis glabrorigens (Lloyd) Núñez & Ryvarden

子实体一年生，覆瓦状叠生，新鲜时革质，干后木栓质。菌盖半圆形、扇形或近贝壳形，外伸 3 ～ 5 cm，宽 4 ～ 7 cm，基部厚可达 5 mm，表面肉桂黄褐色至土黄褐色，基部被密绒毛，边缘锐或钝，颜色较中部浅。孔口表面新鲜时灰白色、浅棕黄褐色至褐色，具折光反应，多角形，每毫米 5 ～ 6 个，边缘薄，全缘。菌肉浅土黄色，木栓质，厚可达 2 mm。菌管与菌肉同色，木栓质，长可达 3 mm。担孢子 5 ～ 6 μm×2 ～ 2.5 μm，窄圆柱形，无色，薄壁，光滑，非淀粉质，不嗜蓝。

生境｜夏秋季生于阔叶树死树上，造成木材白色腐朽。

分布及讨论｜华南地区。用途未明。

引证标本｜ GDGM58091，2014 年 4 月 21 日徐江和周世浩采集于广西壮族自治区北海市涠洲岛。

多带革孔菌

Coriolopsis polyzona (Pers.) Ryvarden

子实体一年生，新鲜时革质，干后硬木栓质。菌盖半圆形或扇形，外伸 5 ～ 7 cm，宽 9 ～ 15 cm，基部厚可达 7 mm，表面浅黄白色至浅黄褐色，边缘锐。孔口表面新鲜时奶油色至浅棕黄色，干后肉桂色，多角形，每毫米 3 ～ 4 个，边缘厚，全缘。菌肉白色，厚可达 2 mm。菌管新鲜时奶油色，干后浅黄色至肉桂色，木栓质至硬纤维质，长可达 6 mm。担孢子 5 ～ 8.5 μm × 2.5 ～ 3.5 μm，短圆柱形至窄圆柱形，无色，薄壁，光滑，非淀粉质，不嗜蓝。

生境｜夏秋季生于阔叶树死树上，造成木材白色腐朽。

分布及讨论｜华南地区。用途未明。

引证标本｜ GDGM48227，2017 年 4 月 11 日黄浩和钟祥荣采集于广东省湛江市东海岛。

膨大革孔菌

Coriolopsis strumosa (Fr.) Ryvarden

子实体一年生，无柄，新鲜时革质，干后木栓质。菌盖半圆形，外伸 4 ～ 6 cm，宽 6 ～ 10 cm，中部厚可达 1 cm。表面新鲜时棕褐色至赭色，干后灰褐色，粗糙，近基部具瘤突，具明显的同心环沟。孔口表面初期奶油色至乳灰色，后期橄榄褐色，圆形，每毫米 6 ～ 7 个，边缘薄，全缘。不育边缘明显，比孔口表面颜色稍浅，宽可达 2 mm。菌肉黄褐色至橄榄褐色，木栓质，厚可达 9 mm。菌管暗褐色，长可达 1 mm。担孢子 8 ～ 10 μm× 3.5 ～ 4 μm，圆柱形，无色，薄壁，光滑，非淀粉质，不嗜蓝。

生境｜夏秋季生于相思树倒木上，造成木材白色腐朽。

分布及讨论｜华南地区。用途未明。

引证标本｜ GDGM59202，2017 年 7 月 17 日钟祥荣、黄浩和黄秋菊采集于广东省江门市下川岛。

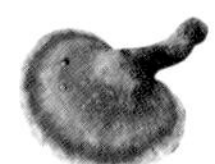

裂拟迷孔菌

Daedaleopsis confragosa (Bolton) J. Schröt.

子实体一年生，覆瓦状叠生，木栓质。菌盖半圆形至贝壳形，外伸 4 ～ 7 cm，宽 6 ～ 12 cm，中部厚可达 2.5 cm，表面浅黄白色至褐色，初期被细绒毛，后期光滑，具同心环带和放射状纵条纹，有时具疣突，边缘锐。孔口表面奶油色至浅黄褐色，近圆形、长方形、迷宫状或齿裂状，有时为褶状，每毫米 1 个，边缘薄，锯齿状。菌肉浅黄褐色，厚可达 15 mm。菌管与菌肉同色，长可达 10 mm。担孢子 6 ～ 8 μm×1 ～ 2 μm，圆柱形，略弯曲，无色，薄壁，光滑，非淀粉质，不嗜蓝。

生境｜夏秋季生于柳树的活立木和倒木上，造成木材白色腐朽。

分布及讨论｜各地区均有分布。可药用。

引证标本｜ GDGM57307，2012 年 4 月 10 日徐江和周世浩采集于海南省三亚市西瑁州岛。

灰白迷孔菌（参照种）

Daedalea cf. *incana* (P. Karst.) Sacc. & D. Sacc.

子实体一年生，无柄，新鲜时木栓质，干后木质。菌盖半圆形，外伸 4 ～ 6 cm，宽 8 ～ 12 cm，基部厚可达 1.5 cm，表面乳白色或灰白色，从基部向边缘颜色渐浅，被细绒毛，具同心环区，边缘锐至略钝。孔口表面新鲜时奶油色，干后浅褐色，无折光反应，近圆形、迷宫形至不规则形，每毫米 2 ～ 3 个，边缘稍厚，全缘。菌肉奶油色，新鲜时木栓质，干后硬木栓质至木质，厚可达 5 mm。菌管与菌肉同色，硬木栓质，长可达 6 mm。担孢子 2.5 ～ 3 μm×1.6 ～ 2 μm，卵圆形，无色，薄壁，光滑，非淀粉质，不嗜蓝。

生境｜生于多种阔叶树倒木、树桩和储木上，造成木材褐色腐朽。

分布及讨论｜分布于华南地区。

引证标本｜GDGM40856，2012 年 4 月 16 日张明、李挺和闫文娟采集于广东省汕头市南澳岛。

红贝俄氏孔菌

Earliella scabrosa (Pers.) Gilb. & Ryvarden

子实体一年生，平伏、反卷至盖形，覆瓦状叠生，木栓质。菌盖半圆形，外伸 4 ～ 5.5 cm，宽 5 ～ 7.5 cm，中部厚可达 6 mm，表面棕褐色至漆红色，光滑，具同心环纹，边缘锐，奶油色。孔口表面白色至棕黄色，多角形至不规则形，每毫米 2 ～ 3 个。边缘厚或薄，全缘或略呈撕裂状。菌肉奶油色，厚可达 4 mm。菌管浅黄色，长可达 2 mm。担孢子 7 ～ 9.5 μm× 3.5 ～ 4 μm，圆柱形或长椭圆形，靠近孢子梗逐渐变细，无色，薄壁，光滑，非淀粉质，不嗜蓝。

生境｜春季至秋季生于阔叶树的活树、死树、倒木和腐木上，造成木材白色腐朽。

分布及讨论｜华南地区。可药用。

引证标本｜ GDGM58648，2016 年 4 月 20 日黄浩、邹俊平和邓树方采集于广东省阳江市海陵岛。

浅黄囊孔菌

Flavodon flavus (Klotzsch) Ryvarden

子实体一年生，平伏至反卷，覆瓦状叠生，干后软革质。菌盖外伸可达 10 cm，宽可达 3 cm，表面灰白色至黄褐色，被微绒毛，具同心环沟，边缘锐。子实层体新鲜时橘黄色，干后烟草黄色至褐色，具明显齿状。菌齿排列较疏松，每毫米 1 ～ 3 个，长可达 2 mm，多数呈扁齿形，有时呈锥形，单生或 2 ～ 3 个连接成片状。不育边缘明显，宽可达 2 mm。菌肉分层，软革质，厚可达 1 mm，上层颜色与菌盖接近，下层与菌齿同色。担孢子 4.5 ～ 5.5 μm×3 ～ 3.5 μm，椭圆形，无色，薄壁，非淀粉质，不嗜蓝。

生境｜夏秋季生于阔叶树的死树、倒木、树桩及建筑木上，造成木材白色腐朽。

分布及讨论｜华南地区。可药用。

引证标本｜ GDGM58113，2014 年 4 月 21 日徐江和周世浩采集于广西壮族自治区北海市涠洲岛。

木蹄层孔菌

Fomes fomentarius (L.) Fr.

子实体多年生，木质。菌盖半圆形，外伸达 20 cm，宽可达 30 cm，中部厚可达 12 cm，表面灰色至灰黑色，具同心环带和浅的环沟，边缘钝，浅褐色。孔口表面褐色，圆形，每毫米 3 ～ 4 个，边缘厚，全缘。不育边缘明显，宽可达5 mm。菌肉浅黄褐色或锈褐色，厚可达5 cm，上表面具一明显且厚的皮壳，中部与基物着生处具一明显的菌核。菌管浅褐色，长可达 7 cm，分层明显，层间有时具白色的菌丝束填充。担孢子 12 ～ 21 μm× 5 ～ 6 μm，圆柱形，无色，薄壁，光滑，非淀粉质，不嗜蓝。

生境｜春季至秋季生于多种阔叶树的活立木和倒木上，造成木材白色腐朽。

分布及讨论｜各地区均有分布。可药用。

引证标本｜ GDGM48238，2017 年 3 月 5 日黄浩和贺勇采集于广东省珠海市桂山岛。

法国粗盖孔菌

Funalia gallica (Fr.) Bondartsev & Singer

子实体一年生，无柄，覆瓦状叠生，木栓质。菌盖半圆形，外伸可达 8 cm，宽可达 12 cm，中部厚可达 2 cm，菌盖表面新鲜时白色至浅黄色，被粗毛，无环纹，粗毛新鲜时白色，后期棕黄色，长可达 1 cm，明显与菌肉分开。孔口表面新鲜时奶油色，干后黄褐色，多角形，每毫米 1 ～ 2 个，边缘薄，略呈撕裂状。菌肉浅棕黄色，厚可达 12 mm。菌管浅黄色，长可达 7 mm。担孢子 11.5 ～ 14 μm×4 ～ 5 μm，圆柱形，无色，薄壁，光滑，非淀粉质，不嗜蓝。

生境 | 夏季生于橡胶树倒木上，造成木材白色腐朽。

分布及讨论 | 华南地区。用途未明。

引证标本 | GDGM58388，2014 年 4 月 26 日徐江和周世浩采集于广东省湛江市硇洲岛。

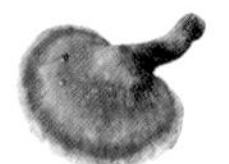

南方灵芝

Ganoderma australe (Fr.) Pat.

子实体多年生，无柄，木栓质。菌盖半圆形，外伸可达 15 cm，宽可达 25 cm，基部厚可达 7 cm，表面灰褐色至黑棕褐色，具明显的环沟和环带，边缘圆，钝，奶油色至浅灰褐色。孔口表面灰白色至淡褐色，圆形，每毫米 4 ～ 5 个，边缘较厚，全缘。菌肉新鲜时浅褐色，干后棕褐色，厚可达 3 cm。菌管暗褐色，长可达 4 cm。担孢子 8 ～ 11 μm×5.5 ～ 6.5 μm，广卵圆形，顶端平截，淡褐色至褐色，双层壁，外壁无色、光滑，内壁具小刺，非淀粉质，嗜蓝。

生境｜春季至秋季生长于多种阔叶树的活立木、倒木、树桩和腐木上，造成木材白色腐朽。

分布及讨论｜华中和华南等地区。可药用。

引证标本｜ GDGM57078，2013 年 7 月 25 日李泰辉、黄浩和夏业伟采集于广东省珠海市大万山岛。

弯柄灵芝

Ganoderma flexipes Pat.

担子果一年生，有柄，木栓质。菌盖匙形或近圆形，外伸 1.5 ～ 2.7 cm，宽 1 ～ 2.5 cm，暗枣红色至红褐色，漆样光泽明显。菌肉分两层，上层木材色，下层淡褐色，厚 0.1 ～ 0.2 cm。菌管褐色，长 0.3 ～ 0.6 cm。菌孔表面污白色到黄褐色，管口圆形或近圆形，每毫米 6 ～ 7 个。菌柄背侧生或背生，圆柱形，长 9 ～ 15 cm，宽 0.3 ～ 0.5 cm，红褐色至紫褐色，有明显漆样光泽。担孢子 9 ～ 13 μm×7 ～ 9 μm，卵圆形或宽椭圆形，顶端平截或不平截，内壁刺细，稍明显或明显。

生境｜春季至秋季生长于阔叶林地下的腐木上。

分布及讨论｜华南等地区。可药用。

引证标本｜ GDGM59231，2017 年 7 月 12 日钟祥荣和黄秋菊采集于广东省江门市上川岛。

有柄灵芝

Ganoderma gibbosum (Blume & T. Nees) Pat.

担子果一年生，有柄，木质。菌盖近圆形，外伸 5 ～ 10 cm，宽 4 ～ 9 cm，灰白色，无漆样光泽，趋向边缘有明显细密环纹，无纵皱。菌肉不分层，均匀红褐色，厚 0.1 ～ 0.6 cm。菌管暗褐色，长 0.2 ～ 0.9 cm。菌孔表面污白色或浅褐色，管口近圆形，每毫米 4 ～ 5 个。菌柄偏生，长 4 ～ 6 cm，宽 2 ～ 2.5 cm，灰白色，无光泽。担孢子 9 ～ 9.5 μm×6 ～ 6.8 μm，卵圆形，刺明显或稍明显。

生境 | 生于阔叶树的树桩或腐木上。

分布及讨论 | 华南等地区。可药用。

引证标本 | GDGM57182，2015 年 5 月 27 日邓树方采集于广东省江门市上川岛。

重伞灵芝

Ganoderma multipileum Ding Hou

子实体一年生，具侧生柄，木栓质。菌盖扇形至半圆形，外伸可达 5.5 cm，宽可达 8 cm，基部厚可达 10 mm，表面橘红色至红褐色，具明显的环纹，具漆样光泽，边缘圆，钝，棕黄色。孔口表面奶油色至浅黄色，圆形至不规则形，每毫米 5 ～ 7 个，边缘厚，全缘。菌肉深棕色，软木栓质，厚可达 4.5 mm。菌管深褐色，单层，硬木栓质，长可达 3.5 mm。担孢子 8 ～ 10 μm×6 ～ 7 μm，宽椭圆形，顶端平截，褐色，双层壁，外壁无色、光滑，内壁具小刺，非淀粉质，嗜蓝。

生境｜春夏季连生于多种阔叶树的倒木和树桩上，造成木材白色腐朽。

分布及讨论｜华南地区。可药用。

引证标本｜ GDGM57419，2014 年 9 月 25 日夏业伟和邓树方采集于广东省阳江市海陵岛。

热带灵芝

Ganoderma tropicum (Jungh.) Bres.

子实体一年生，无柄或具侧生短柄，干后木栓质。菌盖半圆形，外伸可达 10 cm，宽可达 15 cm，基部厚可达 2.5 cm，菌盖红褐色至紫褐色，被厚皮壳，具似漆样光泽，边缘薄，钝，颜色变浅。孔口表面污白色至灰褐色，近圆形，每毫米 3 ～ 4 个，边缘厚，全缘。不育边缘明显，奶油色，宽可达 4 mm。菌肉褐色，厚可达 1 cm。菌管浅褐色，多层，分层不明显，长可达 15 mm。菌柄与菌盖同色，圆柱形，长可达 3 cm，直径可达 1.5 mm。担孢子 8.5 ～ 10 μm×5.5 ～ 8 μm，椭圆形，顶端稍平截，褐色，双层壁，外壁无色、光滑，内壁具小刺，非淀粉质，嗜蓝。

生境｜春夏季单生或数个叠生于多种阔叶树尤其是相思树的树桩、倒木和腐木上，造成木材白色腐朽。

分布及讨论｜华南地区。可药用。

引证标本｜ GDGM29101，2013 年 7 月 23 日李泰辉、黄浩和夏业伟采集于广东省珠海市东澳岛。

深褐褶菌

Gloeophyllum sepiarium (Wulfen) P. Karst.

子实体一年生或多年生，无柄，覆瓦状叠生，革质。菌盖扇形，外伸可达 6 cm，宽可达 12 cm，基部厚可达 7 mm，表面黄褐色至深黑褐色，粗糙，具瘤状突起，具明显的同心环纹和环沟，边缘锐。子实层体生长活跃的区域浅黄褐色，后期金黄色或赭色，具褶状或不规则的孔状。菌褶每毫米 1～2 个，边缘略呈撕裂状，呈孔状的区域每毫米 2～3 个。菌肉棕褐色，厚可达 3 mm。菌褶侧面灰褐色至淡棕黄色，宽可达 5 mm。担孢子 8～10.5 μm×3～4 μm，圆柱形，无色，薄壁，光滑，非淀粉质，不嗜蓝。

生境｜夏秋季生于多种针叶树的倒木上，造成木材褐色腐朽。

分布及讨论｜各地区均有分布。用途未明。

引证标本｜ GDGM71514，2015 年 8 月 12 日李挺和徐江采集于广东省汕头市南澳岛。

褐黏褶菌

Gloeophyllum subferrugineum (Berk.) Bondartsev & Singer

子实体小至中等。菌盖半圆形、扇形，外伸可达 5 cm，宽可达 10 cm，厚 5 ～ 9 mm，无柄，木栓质，或基部小，覆瓦状或相互边缘连接，锈褐色，渐褪为灰白色，表面有绒毛，渐变光滑，有宽的同心棱带，边缘薄而锐。菌肉茶色至锈褐色，厚 1 ～ 3 mm。菌褶宽 2 ～ 6 mm，往往分散，并不相互交织，褶缘薄变至锯齿状。担孢子 6 ～ 9 μm×2.5 ～ 3.5 μm，短圆柱形，光滑，无色。

生境｜夏秋季在倒木和腐木上群生，常导致针叶树木材、原木、木质桥梁、枕木木材褐色腐朽。

分布及讨论｜华南地区。用途未明。

引证标本｜ GDGM58284，2014 年 4 月 20 日徐江和周世浩采集于广西壮族自治区北海市涠洲岛。

密褐褶菌

Gloeophyllum trabeum (Pers.) Murrill

子实体一年生至多年生，无柄，覆瓦状叠生，软木栓质。菌盖扇形，外伸可达 4.5 cm，宽可达 7.5 cm，基部厚可达 5 mm，表面灰褐色、棕褐色至烟灰色，被细密绒毛或硬刚毛，粗糙，略具辐射状纹，具不明显的同心环纹或环沟。子实层体赭色至灰褐色，迷宫状至部分孔状，无折光反应。菌褶灰褐色，革质，长可达 5 mm。菌褶或菌孔每毫米 2 ～ 4 个。菌肉棕褐色，厚可达 0.3 mm。担孢子 7.5 ～ 9 μm×3 ～ 4 μm，圆柱形，无色，薄壁，光滑，非淀粉质，不嗜蓝。

生境｜夏秋季生于多种阔叶树的倒木和建筑木上，造成木材褐色腐朽。

分布及讨论｜东北、华北、华中和华南等地区。用途未明。

引证标本｜ GDGM43648，2017 年 4 月 10 日钟祥荣和黄浩采集于广东省湛江市硇洲岛。

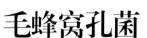

毛蜂窝孔菌

Hexagonia apiaria (Pers.) Fr.

子实体一年生或多年生，无柄，新鲜时革质，干后木栓质。菌盖半圆形或扇形，外伸可达 8 cm，宽可达 12 cm，基部厚可达 2 cm，表面新鲜时灰褐色至黄褐色，靠近基部黑褐色，干后灰黑褐色，被大量粗硬绒毛，具明显的同心环纹，边缘锐，浅黄色。孔口表面新鲜时浅灰褐色至浅黄褐色，干后黄褐色，六角形，直径可达 2 ～ 4 mm，边缘薄，全缘。菌肉黑褐色，厚可达 10 mm。菌管灰褐色，长可达 10 mm。担孢子 11 ～ 14 μm×5 ～ 6 μm，圆柱形，无色，薄壁，光滑，非淀粉质，不嗜蓝。

生境｜春季至秋季单生于多种阔叶树的枯枝、倒木和落枝上，造成木材白色腐朽。

分布及讨论｜华南地区。可药用。

引证标本｜ GDGM57823，2015 年 3 月 30 日徐江和邓树方采集于广东省珠海市东澳岛。

光盖蜂窝孔菌

Hexagonia glabra (P. Beauv.) Ryvarden

子实体一年生，无柄，新鲜时革质，干后木栓质。菌盖半圆形，外伸可达 4 cm，宽可达 7 cm，基部厚度可达 2 mm，表面干后浅褐色至黄褐色，具明显的同心环纹和环沟，边缘锐，黄褐色。孔口表面黄褐色，无折光反应，六角形，每毫米 1 个，边缘薄，全缘。菌肉异质，上层浅黄褐色，木栓质，厚可达 0.7 mm，下层白色，木栓质，厚可达 0.3 mm。菌管干后浅黄褐色，长可达 1 mm。担孢子 13～15.5 μm×4～5.5 μm，圆柱形，无色，薄壁，光滑，非淀粉质，不嗜蓝。

生境｜单生于多种阔叶树的枯枝、倒木和落枝上，造成木材白色腐朽。

分布及讨论｜华南地区。用途未明。

引证标本｜ GDGM71239，2018 年 3 月 13 日钟祥荣采集于广东省珠海市万山群岛。

薄蜂窝孔菌

Hexagonia tenuis (Hook) Fr.

子实体一年生，无柄，覆瓦状叠生，干后硬革质。菌盖半圆形、圆形或贝壳形，外伸可达 5.5 cm，宽可达 7.5 cm，中部厚可达 2 mm，表面新鲜时灰褐色，干后赭色至褐色，光滑，具明显的褐色同心环纹。孔口表面初期浅灰色，后期烟灰色至灰褐色，蜂窝状，每毫米 2 ～ 3 个，边缘薄，全缘。菌肉黄褐色，厚可达 2 mm。菌管烟灰色至灰褐色，韧革质，长可达 0.5 mm。担孢子 11 ～ 13.5 μm×4 ～ 4.5 μm，圆柱形，无色，薄壁，光滑，非淀粉质，不嗜蓝。

生境｜夏秋季生于阔叶树的倒木、落枝和储木上，造成木材白色腐朽。

分布及讨论｜华南地区。可药用。

引证标本｜ GDGM57008，2013 年 7 月 22 日李泰辉、黄浩和夏业伟采集于广东省珠海市东澳岛。

白囊耙齿菌

Irpex lacteus (Fr.) Fr.

子实体一年生，形态多变，平伏或平伏至反卷，覆瓦状叠生，革质。平伏时长可达 10 cm，宽可达 5 cm。菌盖半圆形，外伸可达 1 cm，宽可达 2 cm，厚可达 0.4 cm，表面乳白色至浅黄色，被细密绒毛，同心环带不明显，边缘与菌盖表面同色，干后内卷。子实层体奶油色至淡黄色。孔口多角形，每毫米 2 ～ 3 个，边缘薄，撕裂状。菌肉白色至奶油色，厚可达 1 mm。菌齿或菌管与子实层体同色，长可达 3 mm。担孢子 4 ～ 5.5 μm×2 ～ 3 μm，圆柱形，稍弯曲，无色，薄壁，光滑，非淀粉质，不嗜蓝。

生境｜生于多种阔叶树的倒木和落枝上，造成木材白色腐朽。

分布及讨论｜各地区均有分布。可药用。

引证标本｜ GDGM42743，2013 年 3 月 23 日徐江和周世浩采集于海南省三亚市西瑁州岛。

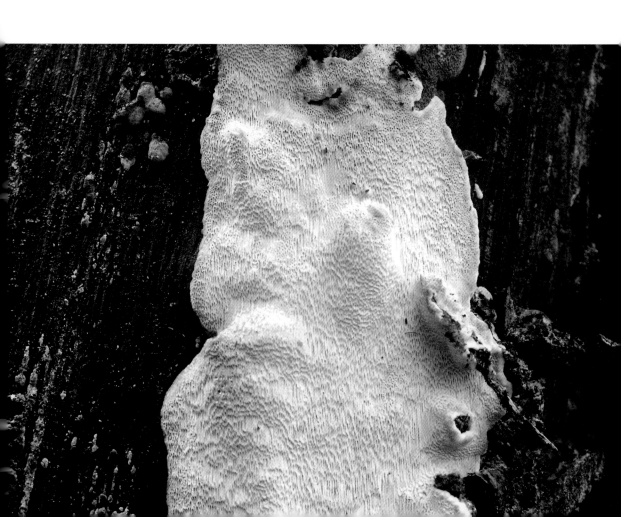

大白栓孔菌

Leiotrametes lactinea (Berk.) Welti & Courtec.

子实体一年生或多年生，无柄或具假柄，单生，覆瓦状。外伸可达 5 cm，宽可达 8 cm，厚 1.5 ～ 2.5 cm，半圆形，基部平滑且厚，表面呈天鹅绒状，老后呈疣状，根部尤为明显。菌盖表面白色至奶白色，边缘呈楔形，有时具不明显的同心圆，呈灰色。菌孔长 6 ～ 12 mm，奶白色，颜色较盖面深，每毫米 2 ～ 3 个。菌肉厚 5 ～ 20 mm，有时可达 60 mm，白色，质地较软。担孢子 5 ～ 7 μm×2.5 ～ 3 μm，椭圆形至圆筒状，透明，壁薄。

生境｜夏秋季生于倒木、腐木上，造成树木腐烂。

分布及讨论｜华南地区。用途未明。

引证标本｜ GDGM48224，2017 年 3 月 3 日黄浩和贺勇采集于广东省珠海市担杆岛。

紫褐黑孔菌

Nigroporus vinosus (Berk.) Murrill

子实体一年生，无柄，覆瓦状叠生，革质。菌盖外伸可达 6 cm，宽可达 9 cm，扁平或凹陷，半圆形或肾形，幼时表面毡状或布满天鹅绒毛，老后渐光滑，干燥，紫褐色或棕褐色至紫褐色，有时带有同心圆状的纹理，菌盖边缘粉红色至褐色，薄。菌孔每毫米 7 ～ 8 个，幼时粉紫色至粉褐色，老后栗褐色或黑色。菌肉薄，粉紫色，伤不变色。担孢子 3 ～ 4 μm× 1.5 ～ 2 μm，圆柱状，表面光滑。

生境｜夏秋季生于阔叶树腐木上。

分布及讨论｜华中和华南等地区。用途未明。

引证标本｜ GDGM59470，2017 年 7 月 15 日钟祥荣、黄浩和黄秋菊采集于广东省江门市下川岛。

白蜡多年卧孔菌

Perenniporia fraxinea (Bull.) Ryvarden

子实体一年生，覆瓦状叠生，木栓质。菌盖半圆形，外伸可达 10 cm，宽可达 15 cm，基部厚可达 2.2 cm，表面浅黄褐色至灰褐色或污褐色，粗糙至光滑，具同心环带，边缘锐或钝。孔口表面新鲜时奶油色，圆形，边缘厚，全缘。菌肉浅黄褐色，厚可达 10 mm。菌管与菌肉同色，长可达 10 mm。担孢子 5 ～ 6 μm×4.5 ～ 5 μm，广椭圆形至近球形，无色，厚壁，光滑，拟糊精质，嗜蓝。

生境｜夏秋季生长于阔叶树的树桩上，造成木材白色腐朽。

分布及讨论｜华中和华南等地区。可药用。

引证标本｜ GDGM58416，2014 年 3 月 22 日徐江和周世浩采集于广东省江门市上川岛。

角壳多年卧孔菌

Perenniporia martia (Berk.) Ryvarden

子实体多年生，革质至木栓质。菌盖扁平或蹄形，外伸可达 8 cm，宽可达 13 cm，基部厚可达 5 cm，表面中部深褐色，粗糙，具明显的同心环沟。边缘钝，白色至奶油色。孔口表面新鲜时白色至奶油色，干后奶油色至淡黄色，圆形，每毫米 5 ～ 6 个，边缘厚，全缘。不育边缘明显，宽可达 5 mm。菌肉赭石色至黑褐色，厚可达 4 cm。菌管褐色至黑褐色，层间具菌肉层分隔，长可达 1 cm。担孢子 8 ～ 9 μm×4 ～ 4.5 μm，长杏仁形，顶端明显变细，无色，厚壁，光滑，拟糊精质，嗜蓝。

生境｜夏秋季单生于多种阔叶树的活立木和死树上，造成木材白色腐朽。

分布及讨论｜华中和华南等地区。可药用。

引证标本｜ GDGM59373，2017 年 7 月 10 日钟祥荣、黄浩和黄秋菊采集于广东省珠海市外伶仃岛。

白赭多年卧孔菌

Perenniporia ochroleuca (Berk.) Ryvarden

子实体多年生，无柄，覆瓦状叠生，革质至木栓质。菌盖近圆形或马蹄形，外伸可达1.5 cm，宽可达2 cm，厚可达10 mm，表面奶油色至浅黄白色，具明显的同心环带，边缘钝，颜色浅。孔口表面乳白色，无折光反应，近圆形，每毫米5～6个，边缘厚，全缘。不育边缘较窄，宽可达0.5 mm。菌肉土黄褐色，厚可达4 mm。菌管与孔口表面同色，长可达6 mm。担孢子9～12 μm×5.5～8 μm，椭圆形，顶部平截，无色，厚壁，光滑，拟糊精质，嗜蓝。

生境｜春季至秋季生于阔叶树倒木上，造成木材白色腐朽。

分布及讨论｜东北、华北、华中和华南等地区。用途未明。

引证标本｜GDGM58774，2016年4月4日钟祥荣和黄浩采集于广东省江门市上川岛。

茶镳子叶孔菌

Phylloporia ribis (Schumach.) Ryvarden

子实体多年生，覆瓦状叠生，木栓质。菌盖半圆形，外伸可达 4 cm，宽可达 7 cm，基部厚可达 1 cm，表面暗褐色，被微细绒毛，具同心环带，成熟后发育成薄的皮壳。孔口表面黄褐色至锈褐色，圆形，每毫米 6 ～ 7 个，边缘薄，全缘。菌肉金黄褐色至锈褐色，厚可达 8 mm，双层，中间具一黑色细线，上绒毛层软木栓质，下层菌肉木栓质。菌管污褐色，颜色比菌肉稍浅，分层不明显，长可达 2 mm。担孢子 3 ～ 4 μm×2 ～ 2.5 μm，宽椭圆形，浅黄色，壁稍厚，非淀粉质，弱嗜蓝。

生境｜春季至秋季生于多种阔叶树基部或树桩上，造成木材白色腐朽。

分布及讨论｜华北、华中和华南等地区。可药用。

引证标本｜GDGM57261，2013 年 7 月 30 日李泰辉、黄浩和夏业伟采集于广东省珠海市外伶仃岛。

冬生多孔菌

Polyporus brumalis (Pers.) Fr.

子实体一年生，具中生或侧生柄，革质。菌盖圆形，直径可达 9 cm，中部厚可达 7 mm，表面新鲜时深灰色、灰褐色或黑暗褐色。边缘锐，黄褐色，干后内卷。孔口表面初期奶油色，后期浅黄白色，具折光反应，圆形至多角形，每毫米 3 ～ 4 个，边缘薄，全缘。菌肉乳白色，异质，下层硬革质，厚可达 2 mm，上层软木栓质，厚可达 3 mm，两层之间具一细的黑线。菌管浅黄色或浅黄褐色，长可达 2 mm。菌柄稻草色，被厚绒毛或粗毛，长可达 3 cm，直径可达 5 mm。担孢子 5.5 ～ 6.5 μm×2 ～ 2.5 μm，圆柱形，有时稍弯曲，无色，薄壁，光滑，非淀粉质，不嗜蓝。

生境｜秋季单生或聚生于阔叶树上，造成木材白色腐朽。

分布及讨论｜各地区均有分布。用途未明。

引证标本｜ GDGM43455，2016 年 3 月 29 日徐江、李挺和宋宗平采集于广东省珠海市万山岛。

条盖多孔菌

Polyporus grammocephalus Berk.

子实体一年生，具侧生柄，数个群生，革质。菌盖扇形，直径可达 6.5 cm，中部厚可达 9 mm，表面新鲜时奶油色至浅黄褐色，成熟时灰白色，光滑，具放射状条纹，干后有时内卷。孔口表面浅黄色至褐色，具折光反应，圆形，每毫米 4 ～ 6 个，下延至菌柄，边缘薄，略呈撕裂状。菌肉奶油色至木材色，厚可达 4 mm。菌管淡黄褐色，长可达 6 mm。菌柄与孔口表面同色，长可达 1 cm，直径达 5 mm。担孢子 7 ～ 9 μm×3 ～ 3.5 μm，长椭圆形至圆柱形，无色，薄壁，光滑，非淀粉质，不嗜蓝。

生境｜春季至秋季生于阔叶树倒木和落枝上，造成木材白色腐朽。

分布及讨论｜华中和华南等地区。用途未明。

引证标本｜ GDGM57976，2015 年 4 月 1 日徐江和邓树方采集于广东省珠海市桂山岛。

三河多孔菌

Polyporus mikawai Lloyd

子实体一年生，具柄或似有柄，单生或聚生，木栓质。菌盖扇形或近圆形，中部下凹或呈漏斗形，直径可达 9 cm，中部厚可达 0.3 cm，表面淡黄白色至土黄色，光滑，具不明显的辐射状条纹，边缘锐，波浪状并撕裂，黄褐色，稍内卷。孔口表面淡黄白色至黄褐色，圆形至椭圆形，每毫米 3 ～ 4 个，边缘薄，全缘至撕裂状。不育边缘几乎无。菌肉白色，厚可达 2 mm。菌管淡黄色，长可达 1 mm。菌柄黄色，长可达 3 cm，直径可达 8 mm。担孢子 8 ～ 10 μm×2.5 ～ 3.5 μm，圆柱形，薄壁，光滑，非淀粉质，不嗜蓝。

生境｜夏秋季生于阔叶树落枝上，造成木材白色腐朽。

分布及讨论｜华中和华南等地区。用途未明。

引证标本｜ GDGM57001，2013 年 7 月 22 日李泰辉、黄浩和夏业伟采集于广东省珠海市东澳岛。

菲律宾多孔菌

Polyporus philippinensis Berk.

子实体一年生，具侧生柄或基部收缩成柄状，革质。菌盖扇形至近圆形，外伸可达 4 cm，宽可达 6 cm，基部厚可达 6 mm，表面新鲜时浅黄白色至土黄褐色，具明显辐射状条纹，基部呈沟状或脊状条纹，边缘锐，波状，干后内卷。孔口表面淡黄色至淡黄褐色，多角形，放射状伸长，长可达 3 mm，宽可达 1 mm，边缘薄，全缘。菌肉奶油色至淡黄褐色，厚可达 5 mm。菌管与孔口表面同色或略浅，长可达 3 mm，延生至菌柄上部。菌柄与菌盖同色，光滑，长可达 1 cm，直径可达 8 mm。担孢子 9 ～ 11 μm× 3.5 ～ 4 μm，圆柱形，无色，薄壁，光滑，非淀粉质，不嗜蓝。

生境｜夏季单生或聚生于阔叶树死树或倒木上，造成木材白色腐朽。

分布及讨论｜华南地区。用途未明。

引证标本｜ GDGM57305，2012 年 4 月 14 日张明、李挺和闫文娟采集于广东省汕头市南澳岛。

变形多孔菌（参照种）

Polyporus cf. *varius* (Pers.) Fr.

子实体一年生，具侧生柄，革质。菌盖圆形或扇形，有时漏斗形，直径可达 9 cm，厚可达 10 mm，从基部向边缘渐薄，表面黄白色至淡黄褐色，边缘锐，新鲜时波浪状。孔口表面污白色至浅黄白色，无折光反应，多角形，每毫米 3 ～ 4 个。边缘薄，全缘。菌肉白色至奶油色，厚可达 6 mm。菌管浅黄色，新鲜时肉质，长可达 4 mm，延生至菌柄下部。菌柄基部暗红褐色，被绒毛，长可达 4 cm，直径可达 1.5 mm。担孢子 7.5 ～ 9.5 μm×2.5 ～ 3.5 μm，圆柱形，无色，薄壁，光滑，非淀粉质，不嗜蓝。

生境｜夏秋季单生于多种阔叶树特别是杨树的死树、倒木和树桩上，造成木材白色腐朽。

分布及讨论｜东北、华北、西北、华中和华南等地区。可药用。该种的菌孔密度和菌盖颜色与变形多孔菌有差异。

引证标本｜GDGM59370，2017 年 7 月 10 日钟祥荣、黄浩和黄秋菊采集于广东省珠海市外伶仃岛。

鲜红密孔菌

Pycnoporus cinnabarinus (Jacq.) P. Karst.

子实体一年生，革质。菌盖扇形或肾形，外伸可达 3.5 cm，宽可达 5.5 cm，基部厚可达 0.5 cm，表面新鲜时砖红色，干后颜色几乎不变，边缘较尖锐。孔口表面新鲜时砖红色，近圆形，每毫米 3 ～ 4 个，边缘稍厚，全缘。不育边缘宽可达 1 mm。菌肉浅红褐色，厚可达 1 mm。菌管与孔口表面同色，长可达 4.5 mm。担孢子 4 ～ 5.5 μm×2 ～ 3 μm，长椭圆形至圆柱形，无色，薄壁，光滑，非淀粉质，不嗜蓝。

生境｜夏秋季单生于多种阔叶树的死树、倒木和树桩上，造成木材白色腐朽。

分布及讨论｜东北、华北、西北、华中和华南等地区。用途未明。

引证标本｜GDGM57867，2015 年 3 月 30 日徐江和邓树方采集于广东省珠海市东澳岛。

血红密孔菌

Pycnoporus sanguineus (L.) Murrill

子实体一年生，单生或簇生，革质。菌盖扇形、半圆形或肾形，外伸 3 cm，宽 5.5 cm，基部厚 1.5 cm，表面新鲜时浅红褐色、锈褐色至黄褐色，后期褪色，边缘锐，颜色较浅。孔口表面新鲜时砖红色或血红色，近圆形，每毫米 5 ～ 6 个。不育边缘明显，杏黄色。菌肉浅红褐色，厚 12 mm。菌管红褐色，长 2 mm。担孢子 3.5 ～ 4.5 μm×1.6 ～ 2 μm，长椭圆形至圆柱形，无色，薄壁，光滑，非淀粉质，不嗜蓝。

生境｜散生至群生或簇生于多种阔叶树倒木、树桩和腐木上，造成木材白色腐朽。

分布及讨论｜各地区均有分布。可药用。

引证标本｜ GDGM57332，2013 年 4 月 27 日徐江和周世浩采集于广东省江门市下川岛。

无序血芝

Sanguinoderma perplexum (Corner) Y. F. Sun & B. K. Cui

子实体硬木栓质到硬木质。菌盖近圆形到扁平状，外伸 10 cm，宽 8 cm，厚 3 cm。菌盖表面红棕色到深褐色，无光泽，具同心皱纹和放射状皱纹，边缘钝。菌孔表面新鲜时呈白色至奶油色，受伤时颜色变为血红色，然后迅速变暗，菌孔呈圆形至棱角状，每毫米 5 ～ 6 个。菌肉黄棕色至红褐色，软木质，厚达 2.5 cm。菌管硬木栓质，长达 5 mm。菌柄与菌盖表面同色，侧生，长可达 2 cm，直径 3 cm。担孢子 11 ～ 14 μm×9.5 ～ 12 μm，近球形到宽椭圆形，淡黄色，双层壁，外壁光滑，内壁具明显的小刺。

生境｜春季至秋季生于腐木上。

分布及讨论｜华南等地区。用途未明。

引证标本｜ GDGM57379，2013 年 4 月 26 日徐江和周世浩采集于广东省江门市下川岛。

血芝

Sanguinoderma rugosum (Blume & T. Nees) Y. F. Sun, D. H. Costa & B. K. Cui

子实体一年生，具中生柄，干后木栓质。菌盖近圆形，外伸可达 7 cm，宽可达 9 cm，厚可达 1.5 cm，表面灰褐色至褐色，具明显的纵皱和同心环纹，中心部分凹陷，无光泽，边缘深褐色，波浪状，内卷。孔口表面新鲜时灰白色，触摸后变为血红色，干后变为黑色，近圆形至多角形，每毫米 6 ～ 7 个，边缘厚，全缘。菌肉褐色至深褐色，厚可达 5 mm。菌管褐色至深褐色，长可达 7 mm。菌柄与菌盖同色，外被一层皮壳，圆柱形，光滑，中空，长可达 8 cm，直径可达 1 cm。担孢子 9.5 ～ 11.5 µm×8 ～ 9.5 µm，宽椭圆形至近球形，双层壁，外壁光滑、无色，内壁深褐色，具小刺，非淀粉质，嗜蓝。

生境｜春季至秋季单生或群生于阔叶林中地上或腐木上，造成木材白色腐朽。

分布及讨论｜华中、华南等地区。可药用。

引证标本｜ GDGM57021，2013 年 7 月 23 日李泰辉、黄浩和夏业伟采集于广东省珠海市东澳岛。

赭色齿耳菌（参照种）

Steccherinum cf. *ochraceum* (Pers.) Gray

子实体一年生，平伏反卷或具明显菌盖，覆瓦状叠生，革质。菌盖扇形或半圆形，外伸可达 2 cm，宽可达 3.5 cm，厚可达 1 mm，表面淡灰白色，具环纹和环沟，边缘锐，干后内卷。子实层体齿状。菌齿排列稠密，长可达 2 mm，每毫米 4 ～ 6 个。菌肉分层，上层疏松，黄褐色至灰褐色，下层紧密，奶油色。不育边缘奶油色至淡黄色，宽可达 2 mm。担孢子 2.5 ～ 3 μm×2 ～ 2.5 μm，椭圆形，无色，薄壁，光滑，非淀粉质，不嗜蓝。

生境｜夏秋季生于阔叶树死树、倒木和腐木上，造成木材白色腐朽。

分布及讨论｜各地区均有分布。用途未明。

引证标本｜ GDGM58315，2014 年 3 月 26 日徐江和周世浩采集于广东省江门市下川岛。

胶囊刺孢齿耳菌

Steccherinium seriatum (Lloyd) Maas Geest.

子实体一年生，覆瓦状叠生，肉质至革质。菌盖半圆形，外伸可达 1.5 cm，宽可达 2.5 cm，厚可达 2 mm，表面淡灰黄色，具环沟，边缘锐，干后常内卷。子实层体新鲜时白色，干后稻草色，齿状。菌齿排列稠密，锥形，长可达 1 mm，每毫米 6 ～ 8 个。不育边缘奶白色，宽可达 2 mm。菌肉同质，厚可达 1 mm。担孢子 2.5 ～ 3.5 μm×2 ～ 2.5 μm，椭圆形，无色，薄壁，具突起小刺，淀粉质，嗜蓝。

生境｜秋季生于阔叶树倒木上，造成木材白色腐朽。

分布及讨论｜华南地区。用途未明。

引证标本｜ GDGM42866，2013 年 3 月 25 日徐江和周世浩采集于海南省三亚市西瑁州岛。

奶油栓孔菌（参照种）

Trametes cf. *lactinea* (Berk.) Sacc.

子实体一年生，硬木栓质至木栓质。菌盖半圆形至贝壳形，长可达 6 cm，宽 8 cm，基部厚 2.5 cm，表面奶油色、灰色至淡黄褐色，有环纹，边缘圆钝，厚。孔口表面奶油色至浅黄白色，圆形至多角形，每毫米 2 ～ 3 个，管壁薄，全缘。菌肉白色，软木栓质，有明显或模糊的同心环纹。菌管白色，软木栓质，长可达 5 mm。担孢子 5 ～ 6.5 μm×2 ～ 3 μm，圆柱形，无色，薄壁，光滑。

生境｜生于多种阔叶树倒木、树桩和储木上，造成木材白色腐朽。

分布及讨论｜各地区均有分布。

引证标本｜ GDGM57375，2013 年 4 月 27 日徐江和周世浩采集于广东省江门市下川岛。

赭栓孔菌

Trametes ochracea (Pers.) Gilb. & Ryvarden

子实体一年生，覆瓦状叠生，韧革质。菌盖半圆形或扇形，外伸可达 3 cm，宽可达 5 cm，中部厚可达 1.5 cm，表面浅黄褐色至棕褐色，具同心环带，边缘钝，奶油色。孔口表面奶油色至灰褐色，圆形，每毫米 3 ～ 5 个，边缘厚，全缘。不育边缘明显，宽可达 2 mm。菌肉乳白色，厚可达 1 cm。菌管与孔口表面同色，长可达 5 mm。担孢子 5.5 ～ 6.5 μm×2 ～ 2.5 μm，圆柱形，无色，薄壁，光滑，非淀粉质，不嗜蓝。

生境｜夏秋季生于多种阔叶树上，造成木材白色腐朽。

分布及讨论｜各地区均有分布。用途未明。

引证标本｜ GDGM59447，2017 年 7 月 15 日钟祥荣、黄浩和黄秋菊采集于广东省江门市下川岛。

东方栓孔菌

Trametes orientalis (Yasuda) Imazeki

子实体一年生，覆瓦状叠生，木栓质。菌盖扇形至近圆形，外伸可达 7.5 cm，宽可达 10 cm，中部厚可达 2 cm，表面奶油色至灰黄色，基部具瘤状突起，具同心环带和环沟，边缘奶油色、赭色至黄褐色。孔口表面初期奶油色，后期浅黄色，触摸后变为浅褐色，圆形，每毫米 3 ～ 4 个，边缘厚，全缘。菌肉奶油色，厚可达 1.5 cm。菌管与孔口表面同色，长可达 5 mm。担孢子 5 ～ 6.5 μm×2 ～ 3 μm，长椭圆形，无色，薄壁，光滑。

生境｜春季至秋季生于阔叶树倒木和腐木上，造成木材白色腐朽。

分布及讨论｜华中和华南等地区。可药用。

引证标本｜ GDGM58248，2014 年 3 月 24 日夏业伟和周世浩采集于广东省江门市下川岛。

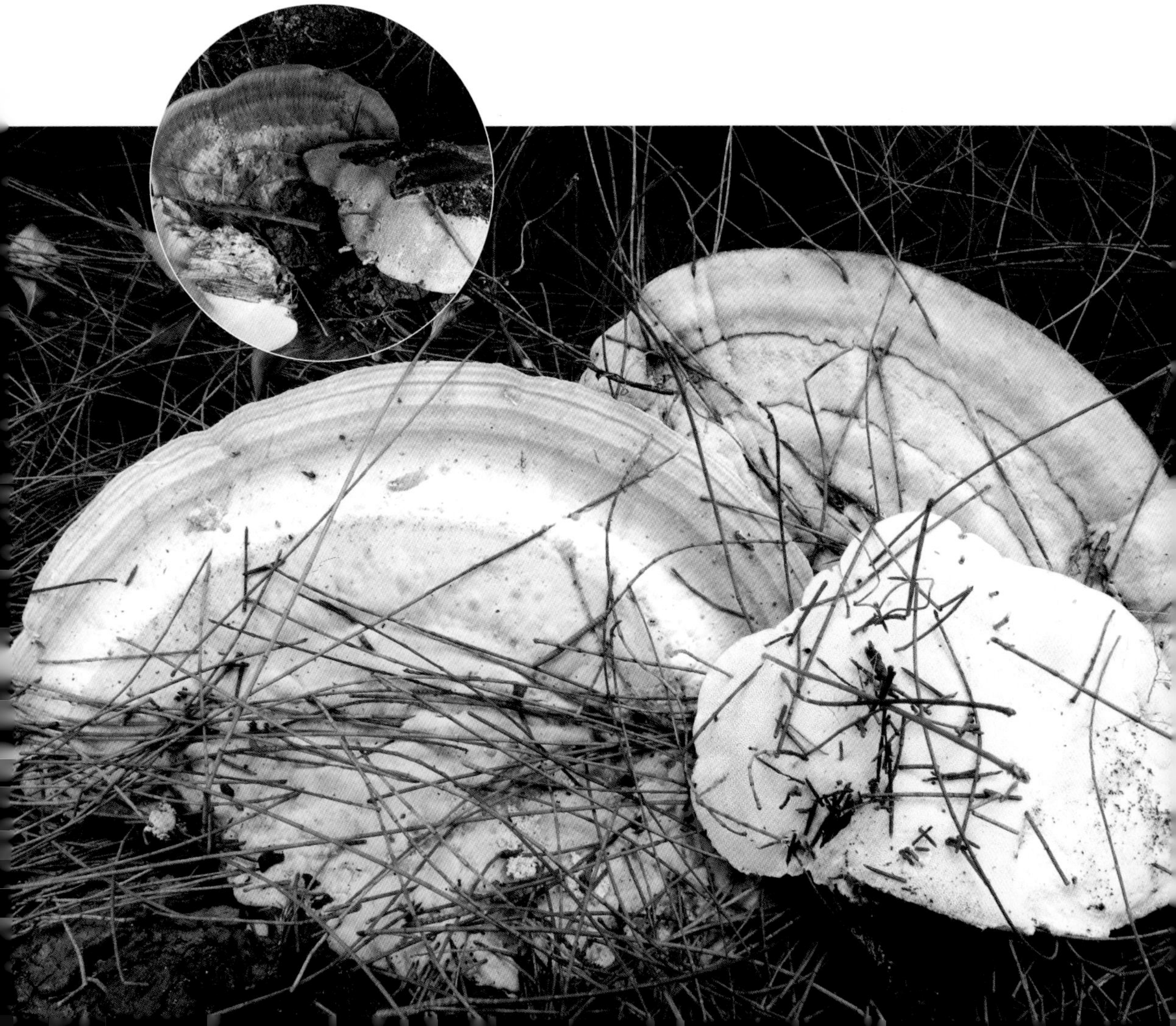

绒毛栓孔菌

Trametes pubescens (Schumach.) Pilát

子实体一年生，覆瓦状叠生，木栓质。菌盖半圆形或扇形，外伸可达 3 cm，宽可达 6 cm，中部厚可达 6 mm，表面灰褐色，被绒毛，具同心环带，边缘钝，浅黄色，干后略内卷。孔口表面污白色至稻草色，多角形，每毫米 2 ～ 3 个，边缘薄，略呈撕裂状。不育边缘不明显，宽可达 1 mm。菌肉乳白色，厚可达 5 mm。菌管与菌肉同色，长可达 3 mm。担孢子 5.5 ～ 7 μm × 2 ～ 2.5 μm，圆柱形，无色，薄壁，光滑，非淀粉质，不嗜蓝。

生境｜春季至秋季生于阔叶树死树、倒木和树桩上，造成木材白色腐朽。

分布及讨论｜各地区均有分布。可药用。

引证标本｜ GDGM58043，2014 年 3 月 21 日徐江和周世浩采集于广东省江门市上川岛。

香栓孔菌（参照种）

Trametes cf. *suaveolens* (L.) Fr.

子实体一年生，覆瓦状叠生，木栓质，具芳香味。菌盖半圆形，外伸可达 8 cm，宽可达 15 cm，中部厚可达 3 cm，表面乳白色至浅黄褐色，具疣突。边缘钝。孔口表面乳白色至浅黄褐色，近圆形，每毫米 3～4 个，边缘厚，全缘。不育边缘明显，宽可达 5 mm。菌肉乳白色，厚可达 30 mm。菌管浅乳黄色，长可达 10 mm。担孢子 6.5 ～ 9 μm×3 ～ 4.5 μm，圆柱形，无色，薄壁，光滑，非淀粉质，不嗜蓝。

生境｜夏秋季生于杨树和柳树上，造成木材白色腐朽。

分布及讨论｜东北、华北、西北、华中和华南等地区。用途未明。

引证标本｜ GDGM57383，2013 年 5 月 21 日宋斌、李挺和王超群采集于广东省珠海市大万山岛。

云芝栓孔菌

Trametes versicolor (L.) Lloyd

子实体一年生，覆瓦状叠生，革质。菌盖半圆形，外伸可达 6 cm，宽可达 9 cm，中部厚可达 0.5 cm，表面颜色变化多样，淡黄褐色至蓝灰色，被细密绒毛，具同心环带，边缘锐。孔口表面奶油色至烟灰色，多角形至近圆形，每毫米 4～5 个，边缘薄，撕裂状。不育边缘明显，宽可达 2 mm。菌肉乳白色，厚可达 2 mm。菌管烟灰色至灰褐色，长可达 3 mm。担孢子 4～5.5 μm×2～2.5 μm，圆柱形，无色，薄壁，光滑，非淀粉质，不嗜蓝。

生境｜春季至秋季生于多种阔叶树倒木、树桩和储木上，造成木材白色腐朽。

分布及讨论｜各地区均有分布。可药用。

引证标本｜GDGM40389，2012 年 4 月 12 日张明、李挺和闫文娟采集于广东省汕头市南澳岛。

薄皮干酪菌

Tyromyces chioneus (Fr.) P. Karst.

子实体一年生，肉质至革质。菌盖扇形，外伸可达 3 cm，宽可达 5 cm，基部厚可达 16 mm，表面新鲜时淡灰褐色，边缘锐，白色。孔口表面奶油色至淡褐色，圆形，每毫米 4 ～ 5 个，边缘薄，全缘。不育边缘几乎无。菌肉新鲜时乳白色，厚可达 15 mm。菌管乳黄色至淡黄褐色，长可达 3 mm。担孢子 3.5 ～ 4.5 μm×1.5 ～ 2 μm，圆柱形至腊肠形，无色，薄壁，光滑，非淀粉质，不嗜蓝。

生境｜夏秋季单生于阔叶树落枝上，造成木材白色腐朽。

分布及讨论｜各地区均有分布。可药用。

引证标本｜ GDGM57128，2013 年 7 月 26 日李泰辉、黄浩和夏业伟采集于广东省珠海市白沥岛。

鸡油菌

阿巴拉契亚鸡油菌（参照种）

Cantharellus cf. *appalachiensis* R. H. Petersen

子实体小型，菌盖直径 1 ～ 2.5 cm，幼时边缘内卷，慢慢变得宽凸或平展，中间有隆起，有不规则波状边缘，表皮褶皱，尤其是在中心，湿润时新鲜但很快干燥，幼时棕色，成熟后为黄棕色，中间有褐色斑点。菌褶呈黄棕色。菌肉白色至微黄色，伤不变色。菌柄长 2 ～ 4.5 cm，直径 3 ～ 8 mm，棕黄色或黄色，中空，底部菌丝呈白色，有杏仁清香味。担孢子 6 ～ 8 μm×4 ～ 6 μm，椭圆形，表面光滑。

生境｜夏秋季群生于阔叶林地上。

分布及讨论｜华南和华中等地区。可食用。

引证标本｜ GDGM59081，2017 年 7 月 8 日钟祥荣、黄浩和黄秋菊采集于广东省珠海市桂山岛。

伞菌

紫肉蘑菇

Agaricus porphyrizon P. D. Orton

菌盖直径 5 ～ 10 cm，初时半球形，后凸镜形至平展，有时中央凹陷，表面具暗红色至粉棕色鳞片，不易脱落，成熟后颜色稍淡，边缘内卷，开裂。菌肉白色，杏仁味。菌褶离生，幼时白色，成熟后灰色至紫黑色，边缘锯齿状。菌柄长 5 ～ 8 cm，直径 5 ～ 10 mm，白色，圆柱形，向基部渐粗，成熟后中空。菌环上位，膜质，白色。担孢子 5 ～ 6.5 μm×3.5 ～ 4.5 μm，椭圆形，光滑，棕色至棕紫色。

生境｜夏秋季单生或群生于林地、公园中。

分布及讨论｜东北和华南等地区。用途未明。

引证标本｜ GDGM57129，2013 年 7 月 26 日李泰辉、黄浩和夏业伟采集于广东省珠海市白沥岛。

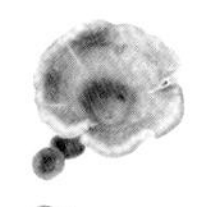

黄斑蘑菇

Agaricus xanthodermus Genev.

子实体中型，菌盖直径 4 ～ 8 cm，初时凸镜形，后渐平展，表面污白色，中央带淡棕色，光滑，边缘内卷，浅黄色。菌肉白色。菌褶淡粉色至黑褐色，离生。菌柄长 5 ～ 10 cm，直径 10 ～ 15 mm，圆柱形，近基部膨大，白色，光滑，幼时实心，成熟后空心，基部球形膨大处黄色。菌环中上位，膜质。担孢子 5 ～ 6.5 μm×3 ～ 3.5 μm，椭圆形，光滑，棕褐色。

生境｜夏秋季单生于林中地上、草地上、花园中。

分布及讨论｜青藏高原，西北和华南等地区。有毒。

引证标本｜ GDGM59412，2017 年 7 月 15 日钟祥荣、黄浩和黄秋菊采集于广东省江门市下川岛。

平田头菇

Agrocybe pediades (Fr.) Fayod

子实体小型，菌盖直径 1.5 ～ 3 cm，幼时半球形，后渐平展，表面淡茶色至浅黄色，光滑，湿时黏，边缘幼时内卷，后平展。菌肉白色至浅黄色，伤不变色。菌褶弯生，初期奶油色，成熟后变褐色至偶锈棕色，不等长。菌柄长 3 ～ 6 cm，直径 2 ～ 5 mm，近圆柱形，中生，与菌盖同色，表面具小纤维，初期实心，后变空心。菌环纤丝状，易消失。担孢子 11 ～ 12.5 μm× 7 ～ 8 μm，椭圆形，光滑，深褐色。

生境｜夏秋季散生或群生于草地上。

分布及讨论｜华南地区。可食用，但易与某些有毒的蘑菇混淆。

引证标本｜ GDGM57030，2013 年 7 月 23 日李泰辉、黄浩和夏业伟采集于广东省珠海市东澳岛。

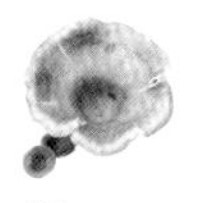

小毒蝇鹅膏

Amanita melleiceps Hongo

子实体小型，菌盖直径 2 ～ 5 cm，扁平至平展，菌盖表面黄色至蜜黄色，中部色稍深，成熟后边缘近白色，有毡状至细疣状菌幕残余，菌盖边缘有沟纹。菌褶离生，白色，不等长，短菌褶近菌柄端多平截。菌柄长 3 ～ 7 cm，直径 3 ～ 6 mm，近圆柱形，米色至白色。菌环缺如。菌柄基部膨大呈球状至卵状，直径 5 ～ 10 mm，上半部被白色至淡黄色的粉末状至疣状菌幕残余。担孢子 8.5 ～ 10.5 μm×6 ～ 7.5 μm，椭圆形至宽椭圆形，非淀粉质。

生境 | 春夏季群生或散生于松林及针阔混交林中地上。

分布及讨论 | 华南和华中地区。有毒，可药用。

引证标本 | GDGM73481，2014 年 4 月 24 日徐江和周世浩采集于广西壮族自治区北海市山口镇。

假灰托鹅膏

Amanita pseudovaginata Hongo

菌盖直径 3 ～ 6 cm，扁半球形、凸镜形至平展，常中部突起，灰色、浅灰色至灰褐色，边缘色浅，有浅灰色至污白色的菌幕残片，边缘有长棱纹。菌肉白色。菌褶离生，白色，干后有时浅灰色，不等长。菌柄长 5 ～ 12 cm，直径 5 ～ 15 mm，近圆柱形，向上稍变细，近白色至灰白色，近光滑，空心，基部不膨大。菌托高 1.5 ～ 2 cm，直径 10 ～ 15 mm，袋状至杯状，膜质，易碎，外表面白色至灰白色，有时浅灰色，常有黄褐色斑，内表面浅灰色至近白色。担孢子 9.5 ～ 12 μm×7.5 ～ 9.5 μm，近球形至宽椭圆形，光滑，无色，非淀粉质。

生境｜夏秋季生于云南松林、马尾松林或马尾松与栎树等组成的针阔混交林中地上。

分布及讨论｜华北、西北、华中和华南等地区。有毒。

引证标本｜GDGM59303，2017 年 7 月 15 日钟祥荣、黄浩和黄秋菊采集于广东省江门市下川岛。

挂钟菌

Calyptella capula (Holmsk.) Quél.

子实体小型，菌盖（菌杯）长 0.3 ～ 1.5 cm，宽 0.2 ～ 1 cm，倒挂杯状、吊钟形至长尖帽形或漏斗状，白色至乳白色，成熟后略变黄色，边缘平滑，薄膜质。内、外壁光滑，杯口干后波状，外卷。菌柄长可达 2.5 mm，直径 0.5 mm，背生于菌盖上。担孢子 5 ～ 6 μm×3 ～ 4 μm，长椭圆形，光滑，无色，非淀粉质。

生境｜夏秋季群生于禾本科植物腐茎秆上。

分布及讨论｜华南地区。用途未明。

引证标本｜ GDGM57117，2013 年 7 月 26 日李泰辉、黄浩和夏业伟采集于广东省珠海市白沥岛。

暗淡色脉褶菌

Campanella tristis (G. Stev.) Segedin

子实体小型，菌盖直径 0.5 ～ 3 cm，半圆形至肾形，幼时常呈碗状，表面白色、奶油色或淡灰色，略带一些淡蓝绿色，干时奶油色、浅黄色至土黄色，凸凹不平，有稀疏短小柔毛，边缘内卷。菌肉松软，薄，凝胶状，半透明。菌褶稀，薄，延生，8 ～ 10 条主脉由基部或菌柄处辐射状生出，褶间有小褶片及横脉，交错排列呈网格状，白色至略带铜绿色。菌柄长 2 ～ 3 mm，直径 1 mm，圆柱形或弯曲圆柱形，侧生或偏生，有时不明显。担孢子 8.5 ～ 11 μm×4 ～ 5.5 μm，宽椭圆形至近腹鼓形，光滑，无色，非淀粉质。

生境｜夏秋季簇生或群生于落叶树的混交林中腐木上或枯枝上。

分布及讨论｜东北和华南等地区。用途未明。

引证标本｜ GDGM57104，2013 年 7 月 26 日李泰辉、黄浩和夏业伟采集于广东省珠海市白沥岛。

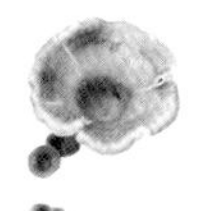

球盖绿褶菇

Chlorophyllum globosum (Mossebo) Vellinga

子实体中到大型，菌盖宽 5 ～ 12 cm，幼时卵圆形至近球形，成熟后半球形，表面白色，散布有棕褐色至红褐色的裂片，顶部有突起，呈棕褐色，边缘平整。菌肉厚，白色，略带红。菌褶直生或离生，白色至铅绿色。菌柄长 8 ～ 15 cm，直径 10 ～ 25 mm，白色至灰白色，圆柱状，不规则弯曲，基部膨大，较顶部粗，表面光滑。菌环上位，膜质，乳白色至淡赭色。担孢子 8 ～ 11 μm×5 ～ 7 μm，卵形至椭圆形。

生境 | 夏秋季散生于阔叶林地上。

分布及讨论 | 华南地区。用途未明。

引证标本 | GDGM59383，2017 年 7 月 12 日钟祥荣、黄浩和黄秋菊采集于广东省江门市上川岛。

庭院绿褶菇

Chlorophyllum hortense (Murrill) Vellinga

子实体中型，菌盖直径 4 ～ 7 cm，幼时近卵圆柱形，渐变锥形，后期近平展，成熟时中部有显著的钝圆形突起，表面有淡黄色至黄褐色裂片，中部颜色较深，边缘变淡，裂片间呈白色，边缘常有白色绒毛。菌肉白色，不变色或变淡粉红色。菌褶稍密，离生，不等长，淡灰黄色，伤不变色。菌柄长 5 ～ 8 cm，直径 5 ～ 13 mm，常基部膨大，空心，浅白色至淡褐色，近基部颜色加深，伤后变淡红色至淡红褐色。菌环中生，膜质，乳白色至淡赭色，易脱落。担孢子 8 ～ 10.5 μm×5.5 ～ 7.2 μm，宽椭圆形至卵圆形，厚壁，光滑，近无色至微黄色。

生境 | 散生或群生于林缘或路边地上。

分布及讨论 | 华南地区。用途未明。

引证标本 | GDGM40450，2012 年 4 月 16 日李泰辉、张明和闫文娟采集于广东省汕头市南澳岛。

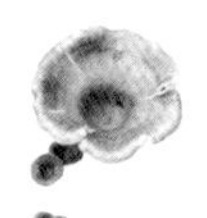

铅绿褶菇

Chlorophyllum molybdites (G. Mey.) Massee

子实体大型，菌盖直径 8 ～ 20 cm，半球形至扁半球形，后期近平展，中部稍突起，白色至淡黄白色，表面具暗褐色或浅褐色鳞片，中部鳞片大而厚呈褐紫色，边缘渐少或成熟后易脱落。菌肉白色或带浅粉红色，松软。菌褶离生，不等长，初期污白色，后期浅绿色至青褐色或淡青灰色。菌柄长 8 ～ 20 cm，直径 10 ～ 20 mm，圆柱形，污白色至浅灰褐色，纤维质，光滑，菌环以上光滑，菌环以下有白色纤毛，基部稍膨大，空心，菌柄、菌肉伤后变褐色，干时气香。菌环上位，膜质，可移动。担孢子 8 ～ 12 μm×6 ～ 8 μm，宽卵圆形至宽椭圆形，光滑，近无色至淡青黄色，具平截芽孔。

生境｜夏秋季群生或散生，喜于雨后在草坪、蕉林地上生长。

分布及讨论｜华南、华东、西南等地区。该菇是华南等地引起中毒事件最多的毒蘑菇种类之一，主要引起肠胃严重不适，对肝等脏器和神经系统等也能造成损害。

引证标本｜ GDGM57526，2013 年 6 月 29 日李泰辉、张明和李鹏采集于广东省汕头市南澳岛。

白色斜盖伞

Clitopilus albidus K. N. A. Raj & Manim.

子实体小型，脐状至近杯伞状，菌盖直径 1.5 ～ 4 cm，平展，中央凹陷，表面白色至灰白色，无条纹。菌肉白色，薄。菌褶近延生至延生，初为白色后变成淡粉色，宽可达 3 mm。菌柄长 0.5 ～ 2 cm，直径 4 ～ 5 mm，中生或偏生，圆柱状，实心，白色。担孢子 5 ～ 6.5 μm×3.5 ～ 5 μm，椭球形至近球形，极面观有 7 ～ 8 条纵向棱纹，无色，厚壁。

生境｜夏秋季生于阔叶林地上。

分布及讨论｜华南等地区。用途未明。

引证标本｜ GDGM59250，2017 年 7 月 13 日黄秋菊采集于广东省江门市上川岛。

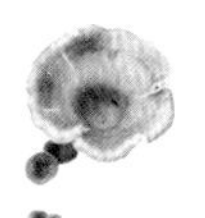

皱纹斜盖伞

Clitopilus crispus Pat.

子实体中型，菌盖直径 3 ～ 7 cm，扁半球形至扁平，白色至粉白色，中央稍下陷至中凹，边缘内卷，菌盖有辐射状排列的细脊凸，末端呈流苏状。菌肉白色。菌褶宽 2 ～ 3 mm，延生，不等长，初期白色，后奶油色至粉红色。菌柄长 3 ～ 6 cm，直径 5 ～ 12 mm，白色。担孢子 6 ～ 7.5 μm× 4.5～5.5 μm，卵形、宽椭圆形至椭圆形，具9～11条纵向棱纹，淡粉红色。

生境｜夏秋季生于阔叶林地上。

分布及讨论｜华南等地区。用途未明。

引证标本｜ GDGM40923，2012 年 3 月 23 日李泰辉、闫文娟、黄浩和夏业伟采集于广东省江门市上川岛。

东方斜盖伞

Clitopilus orientalis T. J. Baroni & Watling

子实体小型，菌盖 1.5 ～ 4 cm，偏半球形至平展，常中部凹陷，表面纯白色，湿时黏，边缘具放射状沟纹。菌肉白色，薄。菌褶近延生至延生，少分叉，初为白色，成熟后呈淡粉色。菌柄长 2 ～ 4 cm，直径 3 ～ 6 mm，中生至略偏生，圆柱状，表面白色，附有细小毛状纤维，基部附有菌丝。担孢子 5 ～ 8 μm×3.5 ～ 6.5 μm，椭圆形，壁薄，侧面观有 6 ～ 10 条纵向棱纹。

生境｜夏秋季生于阔叶林下苔藓中。

分布及讨论｜华中和华南等地区。用途未明。

引证标本｜ GDGM57241，2013 年 7 月 29 日李泰辉、黄浩和夏业伟采集于广东省珠海市桂山岛。

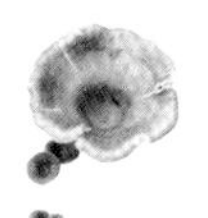

近杯伞状斜盖伞

Clitopilus subscyphoides W. Q. Deng et al.

子实体小型。菌盖直径 0.8 ～ 2.5 cm，中凹至杯状，白色或白垩色，不黏，光滑或有少量的纤丝状绒毛，无条纹。菌肉薄，白色。菌褶白色至粉白色，延生，密，约 1 mm 宽。菌柄长 1 ～ 1.5 cm，直径 1.4 ～ 1.6 mm，圆柱状，白色，实心。担孢子 5 ～ 7.5 μm×4 ～ 5 μm，粉色，异径，椭圆形，具 8 ～ 10 条纵向棱纹。

生境｜夏秋季生于阔叶林地上。

分布及讨论｜华中和华南等地区。用途未明。

引证标本｜ GDGM57200，2013 年 7 月 23 日李泰辉、黄浩和夏业伟采集于广东省珠海市东澳岛。

乳白锥盖伞

Conocybe apala (Fr.) Arnolds

子实体小型，菌盖直径 1 ～ 2.5 cm，斗笠形至钟形，脆，黄白色至浅黄褐色，中部颜色稍深，边缘近白色至黄白色，具细条纹，表面干或湿时黏。菌褶直生，不等长，初期污白色渐变锈黄色。菌柄长 5 ～ 8 cm，直径 1 ～ 3 mm，空心，圆柱形，白色或灰白色，附粉末状颗粒，等粗至向基部略膨大。担孢子 12 ～ 18 μm×6 ～ 10 μm，椭圆形至卵圆形，光滑，锈褐色。

生境｜夏秋季单生或群生于草地、路边或林缘、草丛等腐殖质丰富的地上。

分布及讨论｜华中和华南等地区。有毒。

引证标本｜ GDGM74820，2013 年 6 月 27 日李泰辉、张明和李鹏采集于广东省汕头市南澳岛。

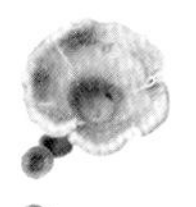

锥盖伞

Conocybe sp.

子实体微型，菌盖直径 3 ～ 5 mm，斗笠形至钟形，幼时边缘稍内卷，表面光滑，污棕色至淡黄棕色。菌肉淡棕黄色。菌褶近直生，棕黄色至锈褐色，稍密。菌柄长 8 ～ 11 mm，直径 2 ～ 3 mm，圆柱形，表面光滑，白色至污白色，较纤细，脆。担孢子 9.5 ～ 11 μm×6 ～ 7 μm，椭圆形，棕褐色，表面光滑。

生境｜夏秋季群生于腐质泥土上。

分布及讨论｜华南地区。用途未明。

引证标本｜ GDGM57319、GDGM40404，2013 年 4 月 27 日徐江和周世浩采集于广东省湛江市硇洲岛。

伞菌

白小鬼伞

Coprinellus disseminatus (Pers.) J. E. Lange

子实体小至中型，菌盖直径 8 ～ 15 mm，初期卵形至钟形，后期平展，盖表淡褐色至黄褐色，被白色至褐色颗粒状至絮状鳞片，边缘具长条纹。菌肉近白色，薄。菌褶初期白色，后转为褐色至近黑色，成熟时不自溶或仅缓慢自溶。菌柄长 1.5 ～ 3 cm，直径 1 ～ 2 mm，白色至灰白色。菌环无。担孢子 8 ～ 10.5 μm×4.5 ～ 6 μm，椭圆形至卵形，光滑，淡灰褐色，顶端具芽孔。

生境｜夏秋季生于路边、林中的腐木上或草地上。

分布及讨论｜各地区均有分布。有文献记载，幼时可食，但老时有毒，加之个体很小，故不建议食用。

引证标本｜GDGM57322，2013 年 4 月 23 日徐江和周世浩采集于广西壮族自治区北海市涠洲岛。

晶粒小鬼伞

Coprinellus micaceus (Bull.) Vilgalys et al.

子实体小型，菌盖直径 2 ～ 4 cm，初期卵形至钟形，后期平展，盖缘常向上翻卷，淡黄色、黄褐色、红褐色至赭褐色，边缘颜色渐浅呈灰色，水渍状，盖表常附有白色颗粒状晶体，易消失，边缘有长条纹。菌肉近白色至淡赭褐色，薄，脆。菌褶初期米黄色，后转为黑色，成熟时缓慢自溶。菌柄长 3 ～ 5 cm，直径 2 ～ 5 mm，圆柱形，近等粗，有时基部呈棒状或球茎状膨大，白色至淡黄色，具粉霜，脆，空心。担孢子 7 ～ 10 μm×5 ～ 6 μm，椭圆形，光滑，灰褐色至暗棕褐色，顶端具平截芽孔。

生境｜春季至秋季丛生或群生于阔叶林中树根部地上。

分布及讨论｜各地区均有分布。有毒，也可药用。

引证标本｜ GDGM57306，2012 年 4 月 14 日张明、李挺和闫文娟采集于广东省汕头市南澳岛。

墨汁拟鬼伞

Coprinopsis atramentaria (Bull.) Redhead et al.

菌盖直径 4 ～ 7 cm，初期卵圆形至圆锥形，后渐平展至边缘上翘，表面污白色至灰白色，常附有褐色鳞片，边缘近光滑。菌肉薄，初期白色，后变灰白色。菌褶弯生，不等长，幼时白色至灰白色，后渐变成灰褐色至黑色，成熟后自溶为黑汁状。菌柄长 4 ～ 10 cm，直径 3 ～ 5 mm，圆柱形，向下渐粗，表面白色至灰白色，光滑或有纤维状小鳞片，空心。担孢子 7.5 ～ 10 μm×5 ～ 6 μm，椭圆形至宽椭圆形，光滑，深灰褐色至黑褐色，具有明显的芽孔。

生境｜春季至秋季在林中、田野、路边、村庄、公园等地上有腐木的地方丛生。

分布及讨论｜各地区均有分布。有毒，也可药用。

引证标本｜ GDGM40879、GDGM58268，2012 年 4 月 16 日张明、李挺和闫文娟采集于广东省汕头市南澳岛。

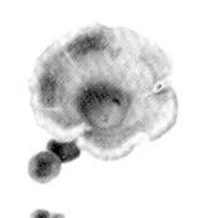

白绒鬼伞

Coprinopsis lagopus (Fr.) Redhead et al.

菌盖直径 2.5 ～ 4 cm，初期圆锥形至钟形，后渐平展，薄，表面污白色至淡灰色，常附有白色绒毛，易脱落，有放射状棱纹达菌盖顶部，边缘后期反卷。菌褶离生，初期白色至灰白色，后期黑色，不等长。菌柄长 5 ～ 8 cm，直径 3 ～ 5 mm，白色，质脆，有易脱落的白色绒毛状鳞片，中空。担孢子 9.5 ～ 10.5 μm×6 ～ 8 μm，椭圆形，灰褐色至黑色，光滑。

生境｜生于腐殖质丰富的林中地上

分布及讨论｜各地区均有分布。用途未明。

引证标本｜ GDGM57007，2013 年 7 月 29 日李泰辉、黄浩和夏业伟采集于广东省珠海市桂山岛。

灰盖鬼伞

Coprinus cinereus (Schaeff.) Gray

子实体小型，菌盖直径 2 ～ 4 cm，褐色，肉质，初期盖表光滑，后表皮裂成白色丛毛状鳞片，有易脱落的毛状颗粒，易消溶，边缘延伸，反卷，撕裂，具辐射状条纹。菌褶离生，褶缘平滑，微波状，有粗糙颗粒，后期液化为墨汁状。菌柄中生，圆柱形，长 3 ～ 8 cm，直径 2 ～ 5 mm，白色带褐色，柄基杵状，有时具长假根，上有棉絮状绒毛或白色鳞片，脆骨质，空心。担孢子 8 ～ 14 μm×6 ～ 9 μm，椭圆形至柠檬形或卵形，有明显尖突。

生境｜夏秋季散生至群生于稻草堆、腐草及草地上。

分布及讨论｜华中和华南等地区。可药用。

引证标本｜ GDGM57183、GDGM58051，2013 年 7 月 28 日李泰辉、黄浩和夏业伟采集于广东省珠海市大万山岛。

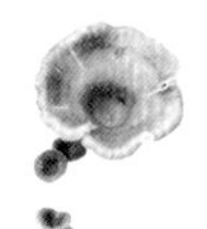

林生鬼伞

Coprinus silvaticus Peck

子实体小型，菌盖直径 2.5 ～ 4 cm，初期卵圆形，后呈钟形至展开，表面黄灰褐色，中部色深，边缘色灰，具浅淡黄色粒状鳞片，有辐射状沟纹。菌肉白色，薄，表皮下及柄基部带褐黄色。菌褶离生，白色至黑紫色，不等长，自溶为黑汁状。菌柄长 2 ～ 5 cm，直径 4 ～ 7 mm，白色，圆柱形或基部稍有膨大，表面在初期常有白色细粉末。柄基部的基物上往往出现放射状分枝、呈毛状的黄褐色菌丝块。担孢子 8.5 ～ 11 μm×5.5 ～ 7 μm，表面光滑，黑褐色，椭圆形，有芽孔。

生境 | 夏秋季生于腐木上。

分布及讨论 | 华北、华中和华南等地区。可药用。

引证标本 | GDGM59513，2014 年 4 月 25 日徐江和周世浩采集于广东省湛江市高桥镇。

硫黄靴耳

Crepidotus sulphurinus Imazeki & Toki

子实体小型，菌盖宽 0.5 ～ 1 cm，扇形至贝壳形，盖表黄色、污黄色至硫黄色，基部被细小毛状鳞片，边缘波状或向下卷。菌肉薄，黄色。菌褶稀，黄褐色至锈褐色。菌柄侧生，短。担孢子 9 ～ 10 µm×8 ～ 9 µm，球形至近球形，有小疣，淡锈色。

生境｜夏秋季生于腐木上。

分布及讨论｜华中和华南等地区。用途未明。

引证标本｜ GDGM57014，2013 年 7 月 22 日李泰辉、黄浩和夏业伟采集于广东省珠海市东澳岛。

多形靴耳

Crepidotus variabilis (Pers.) P. Kumm.

子实体横向连接在小树枝上，菌盖初期为白色，成熟后呈淡赭色，宽 0.5 ～ 1.5 cm，通常浅裂。菌褶呈辐射状连接，较拥挤，幼时白色，逐渐变黄棕色或黄褐色。无柄，担孢子 5 ～ 7 μm×3 ～ 3.5 μm，椭圆形，有刺疣。

生境｜夏秋季生于朽木上。

分布及讨论｜华南地区。用途未明。

引证标本｜ GDGM57222，2013 年 7 月 29 日李泰辉、黄浩和夏业伟采集于广东省珠海市桂山岛。

马来毛皮伞

Crinipellis malesiana Kerekes et al.

菌盖直径 5 ~ 15 mm，半球形至凸镜形，边缘内卷，具乳头状突起至带有浅显脐突的凸形至平凸形，具有条纹槽、纤毛状粗毛，幼时褐色变至暗褐色，老后为浅灰橙色、淡灰白色至奶油色。菌褶白色至淡黄白色，附生至贴生。菌柄长 5 ~ 23 mm，直径 1 ~ 2 mm，中生，圆柱状，基部略变粗，粗糙，具有纤毛状粗糙硬毛，直插，与菌盖同色或稍淡。担孢子 8 ~ 13 μm×3.5 ~ 6.5 μm，豆形或长方形，光滑，透明，非淀粉质。

生境｜夏秋季散生于林中的树枝上。

分布及讨论｜华南地区。我国仅广东有发现。用途未明。

引证标本｜ GDGM59192，2017 年 7 月 17 日钟祥荣、黄浩和黄秋菊采集于广东省江门市下川岛。

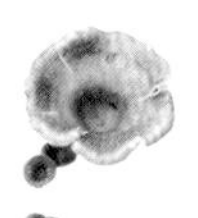

雅薄伞

Delicatula integrella (Pers.) Fayod

菌盖直径 0.5 ～ 1.3 cm，凸镜形至平展，表面光滑，白色，湿时表面具有辐射状透明条纹。菌褶白色，窄，脊状，不规则或中间有分叉，稀，近延生或菌褶邻近菌柄处有凹口，边缘光滑。菌柄长 10 ～ 20 mm，直径 0.5 ～ 1 mm，白色，透明，表面光滑或有细小纤毛，基部稍膨大，并稍带有白色的毛状菌丝，脆。担孢子 5.5 ～ 9.5 μm×3 ～ 5.5 μm，椭圆形，光滑，无色。

生境｜夏秋季群生于腐木木桩上。

分布及讨论｜西北、东北和华南等地区。用途未明。

引证标本｜ GDGM74091，2015 年 5 月 10 日李泰辉、李挺和 Md. Iqbal Hosen 采集于广东省珠海市大万山岛。

蓝鳞粉褶蕈

Entoloma azureosquamulosum Xiao Lan He & T. H. Li

子实体小型，菌盖直径 2 ～ 6 cm，半球形，后平展，无条纹，密被粒状小鳞片，深蓝色至带紫蓝色，中部较深色至近蓝黑色。菌肉近柄处厚 2 mm，白色。菌褶宽 3 ～ 5 mm，弯生或近直生，具短延生小齿，初白色，后粉红色，不等长。菌柄长 4 ～ 6 cm，直径 4 ～ 8 mm，圆柱形或近棒状，极脆，与菌盖同色或较浅，具深蓝色颗粒状鳞片，基部具白色菌丝体。担孢子 9 ～ 10.5 μm×7 ～ 8.5 μm，异径，5 ～ 7 角，壁较厚，淡粉红色。

生境｜散生于阔叶林中地上。

分布及讨论｜华中和华南等地区。用途未明。

引证标本｜ GDGM43718，2016 年 4 月 14 日宋宗平、黄浩和邹俊平采集于广东省珠海市桂山岛。

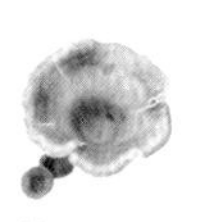

丛生粉褶菌

Entoloma caespitosum W.M. Zhang

子实体中型。菌盖宽 3 ～ 5 cm，斗笠形、凸镜脐凸形至平展脐凸形，中部具明显乳突，淡紫红色、粉红褐色至红褐色，中央乳突及附近带灰褐色，光滑；边缘无条纹，后期可上翘。菌肉近柄处厚 0.5 ～ 1 mm，淡粉红至淡紫红色，无气味。菌褶宽 2 ～ 5 mm，弯生至直生，不等长，初白色，后粉红色，干时浅棕色至棕色。菌柄长 3 ～ 9 cm，直径 3 ～ 6 mm，圆柱形，白色至近白色，空心，脆骨质，基部至近基部被白色菌丝体。担孢子 8.5 ～ 10.5 μm×6 ～ 7.5 μm，异径，6 ～ 8 角，近椭圆形，具尖突，粉色。

生境｜群生于阔叶林中地上。

分布及讨论｜华中和华南等地区。用途未明。

引证标本｜ GDGM74096，2015 年 5 月 10 日李泰辉和李挺采集于广东省汕头市南澳岛。

浅黄绒皮粉褶蕈

Entoloma flavovelutinum O. V. Morozova et al.

子实体中型，菌盖直径 2 ~ 8 cm，半球形、凸镜形，后平展，无条纹，被微绒毛或近光滑，黄白色至淡黄色，边缘白色。菌肉薄，白色，或带淡黄白色。菌褶初白色，后粉色，不等长。菌柄长 4 ～ 7 cm，直径 4 ～ 1.2 mm，圆柱形，纤维状，有时有纵向凹槽，实心，污白色，基部具白色菌丝体。担孢子 8.5 ～ 11 μm×5.5 ～ 7 μm，异径，6 ～ 8 角，壁较厚，淡粉红色。无锁状联合。

生境｜散生于路边沙地上。

分布及讨论｜华南等地区。用途未明。

引证标本｜ GDGM57154，2013 年 7 月 29 日李泰辉、黄浩和夏业伟采集于广东省珠海市牛头岛。

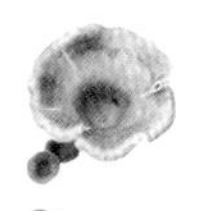

近江粉褶蕈

Entoloma omiense (Hongo) E. Horak

子实体小型，菌盖直径 3 ～ 5 cm，初圆锥形，后斗笠形至近钟形，中部常稍尖或稍钝，浅灰褐色至浅黄褐色，具条纹，光滑。菌肉薄，白色。菌褶宽 5 ～ 7 mm，直生，薄，初白色，成熟后粉红色至淡粉黄色，具 2 ～ 3 行小菌褶。菌柄长 5 ～ 13 cm，直径 3 ～ 6 mm，圆柱形，近白色至与盖色接近，光滑，基部具白色菌丝体。担孢子 9.5 ～ 12.5 μm×8 ～ 10 μm，5 ～ 6 角，淡粉红色。

生境 | 夏秋季单生或散生于林地上。

分布及讨论 | 华中和华南等地区。该种具胃肠炎毒性，在我国南方地区常被人误食，导致中毒。

引证标本 | GDGM57141，2013 年 7 月 27 日李泰辉、黄浩和夏业伟采集于广东省珠海市小万山岛。

近薄囊粉褶蕈

Entoloma subtenuicystidiatum Xiao Lan He & T.H. Li

子实体小型。菌盖直径 1 ～ 2.5 cm，半球形至凸镜形，具条纹或沟纹，中部凹陷和具小鳞片，其余近光滑，黄色至深米色，中部略带红褐色。菌肉薄，近膜质。菌褶宽达 0.3 cm，直生，初白色，后粉红色。菌柄长 3 ～ 6 cm，直径 0.1 ～ 0.3 cm，脆，半透明，白色或浅褐色带粉色，光滑。担孢子 9.5 ～ 13 μm，半透明，白色，异径，6 ～ 8 角，淡粉红色。

生境｜散生于细叶结缕草或狗牙根草地上。

分布及讨论｜华中和华南地区。用途未明。

引证标本｜ GDGM58991，2017 年 3 月 5 日黄浩、宋宗平和邹俊平采集于广东省江门市上川岛。

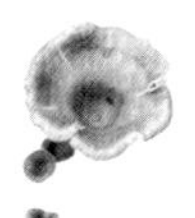

沟纹粉褶蕈

Entoloma sulcatum (T.J. Baroni & Lodge) Noordel. & Co-David

子实体小型。菌盖直径 0.7 ～ 1.5 cm，初凸镜形，成熟后平展或近平展，中部具明显凹陷，初白色，成熟后略带粉色，幼时具浅沟纹状条纹，成熟后不明显，具丝光状纤毛或纤毛状小鳞片。菌肉白色，薄。菌褶直生或短延生，较稀，初白色后变粉色，薄，宽达 4 mm，具 2 行小菌褶。菌柄中生，长 1.5 ～ 3 cm，直径 0.5 ～ 2 mm，圆柱形，中空，白色或奶油色，光滑。担孢子 9 ～ 12.5 μm×7.5 ～ 9.5 μm，异径，5 ～ 6 角，光滑，壁厚。

生境｜夏秋季群生于阔叶林地上。

分布及讨论｜华南地区。用途未明。

引证标本｜ GDGM74085，2015 年 5 月 10 日李泰辉和李挺采集于广东省汕头市南澳岛。

喇叭状粉褶菌

Entoloma tubaeforme T. H. Li et al.

子实体小至中型，菌盖 2 ～ 4 cm，喇叭状，灰棕色至深棕色，表面被细鳞片，干燥，边缘内卷后平展，常开裂。菌肉薄，白色，近菌柄处灰褐色，伤不变色。菌褶长延生，灰白色至浅粉色。菌柄长 2 ～ 4 cm，直径 2 ～ 4 mm，中生，圆柱状，基部有白色绒毛，偏大，淡棕色至灰白色，表面干燥，具稀疏的纵向条纹，空心。有强烈气味。担孢子 8.5 ～ 11 μm× 6.5 ～ 9 μm，5 ～ 6 角，无色透明。

生境 | 夏秋季群生于针叶林地下。

分布及讨论 | 华南地区。用途未明。

引证标本 | GDGM57161，2013 年 6 月 29 日李泰辉、张明和李鹏采集于广东省汕头市南澳岛。

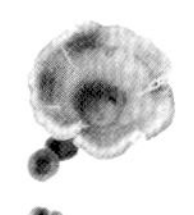

林生老伞

Gerronema nemorale Har. Takah.

子实体小型，菌盖宽 1 ～ 2 cm，圆形至漏斗状，中央凹陷，幼时灰黄色至黄褐色，成熟后橄榄褐色或红黄色，边缘内折，成熟后边缘隆起，表面具条纹，被细小鳞片。菌肉灰黄色。菌褶沿生，较稀，不等长，黄绿色至灰黄绿色。菌柄长 15 ～ 35 mm，直径 1 ～ 2 mm，圆柱状，顶部宽大，基部不规则弯曲，淡黄色至灰黄绿色，中空，表面被短毛。担孢子 8 ～ 10 μm× 5 ～ 6 μm，宽椭圆形至纺锤形，壁薄，表面光滑，透明。

生境｜夏秋季单生或群生于阔叶林木上。

分布及讨论｜东北和华南等地区。用途未明。

引证标本｜ GDGM59210，2017 年 7 月 17 日钟祥荣、黄浩和黄秋菊采集于广东省江门市下川岛。

陀螺老伞

Gerronema strombodes (Berk. & Mont.) Singer

子实体小型，菌盖直径 1.5 ～ 3 cm，平展凸镜形，中部略凹陷，黄褐色至茶褐色，有灰褐色平伏纤毛及辐射条纹，稍黏，边缘老时波状。菌肉薄，近白色至淡褐色，伤不变色，气味不明显。菌褶延生，稍稀至稍密，近白色，小菌褶较多。菌柄长 0.8 ～ 2 cm，直径 2 ～ 3 mm，圆柱形，等粗或向下增粗，淡灰白色至微褐白色，常向基部变深色或近菌盖颜色，被微小绒毛，下部较暗，空心，脆。担孢子 8 ～ 11 μm×4.5 ～ 5.5 μm，椭圆形，光滑，非淀粉质。

生境｜夏秋季散生于林内腐木上。

分布及讨论｜华南地区。用途未明。

引证标本｜ GDGM59453，2017 年 7 月 15 日钟祥荣、黄浩和黄秋菊采集于广东省江门市下川岛。

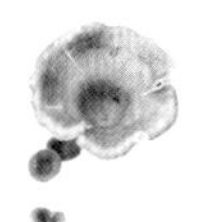

橙褐裸伞

Gymnopilus aurantiobrunneus Z.S. Bi et al.

子实体中型。菌盖直径 5 ～ 8 cm，半球形至平展，橙黄色至锈褐色，表面被线毛或鳞片。菌肉黄色至黄褐色，伤不变色，厚。菌褶橙色至锈褐色，稍延生，不等长。菌柄长 4 ～ 6.5 cm，直径 8 ～ 12 mm，圆柱状，黄白色，中生或偏生，弯曲，成熟后空心，表面具纵条纹，纤维质。担孢子 5 ～ 7 μm×3.5 ～ 4.5 μm，椭圆形，褐色至锈褐色，表面粗糙，具细小疣突。

生境｜散生或群生于林内腐木上。

分布及讨论｜华南地区。用途未明。

引证标本｜ GDGM59020，2013 年 4 月 23 日徐江和周世浩采集于广东省江门市上川岛。

变色龙裸伞

Gymnopilus dilepis (Berk. & Broome) Singer

子实体中型，菌盖直径 3 ～ 6 cm，平展，紫褐色、紫红色、锈黄褐色，中央被褐色至暗褐色直立鳞片。菌肉淡黄色至米色，苦。菌褶褐黄色至淡锈褐色。菌柄长 3 ～ 6 cm，直径 3 ～ 8 mm，近圆柱形，褐色至紫褐色，有细小纤丝状鳞片。菌环丝膜状，易消失。担孢子 6 ～ 7 μm×4.5 ～ 5 μm，椭圆形至卵形，表面有小疣，无芽孔，锈褐色。

生境｜夏秋季生于林中腐木上。

分布及讨论｜华南地区。该菌具神经毒性，菌盖颜色变异范围大，像喷点变色龙（*Chamaeleo dilepis*）的颜色一样多变，从淡橙色，到橙红色、紫褐色甚至锈黄褐色颜色。2011 年，广州发生了一起中毒事件。

引证标本｜GDGM73465，2015 年 5 月 26 日黄浩、邹俊平和邓树方采集于广东省阳江市海陵岛。

长柄裸伞

Gymnopilus elongatipes Z. S. Bi

子实体小型，菌盖宽 2 ～ 3.5 cm，初卵圆形，后平展至扁凸镜形，干或潮湿时黏，浅黄褐色，中央色深，上有辐射状沟纹和贴生白绒毛，边缘垂挂褐色菌幕残余。菌肉黄白色，伤不变色，厚约 1 mm，无味道，无气味。菌褶锈褐色，不等长，直生至弯生。菌柄中生，长 4 ～ 7 cm，直径 4 ～ 8 mm，棒形，柄基略膨大，其上有白色绒毛，实心。菌环上位，褐色。担孢子 9 ～ 11 μm×5.5 ～ 7 μm，卵圆形或椭圆形，黄褐色至黄带橙褐色。

生境｜夏秋季散生至群生于腐草根上。

分布及讨论｜华南地区。用途未明。

引证标本｜ GDGM57207，2013 年 7 月 29 日李泰辉、黄浩和夏业伟采集于广东省珠海市桂山岛。

褐细裸脚伞

Gymnopus brunneigracilis (Corner) A. W. Wilson et al.

子实体小至中型，菌盖直径 3 ～ 5 cm，平凸状，老后边缘向内卷，表面具辐射状条纹，水渍状，光滑无毛，盘酱色至锈红褐色，边缘不规则弯曲。菌肉薄。菌褶离生至近延生，白色，较稀，近边缘处开裂。菌柄长 3 ～ 5 cm，直径 3 ～ 6 mm，圆柱状，基部窄，湿时较脆，干后硬，表面具纵向条纹，中空，赭色至暗黄褐色。担孢子 9 ～ 13 μm×4 ～ 6 μm，长椭圆形，光滑。

生境｜夏秋季生于阔叶林地上。

分布及讨论｜华南地区。用途未明。

引证标本｜ GDGM59431，2017 年 7 月 15 日钟祥荣、黄浩和黄秋菊采集于广东省江门市下川岛。

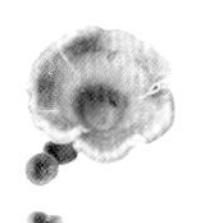

恶臭裸脚伞

Gymnopus dysodes (Halling) Halling

子实体小型，菌盖宽 1 ～ 4 cm，凸镜形，边缘平展或向上隆起，幼时暗红褐色，老后呈肉桂褐色，表面湿润，光滑，布满半透明条纹，边缘波浪状，有时开裂。菌肉薄，半透明状。菌褶较稀，离生，肉桂色至粉红色。菌柄长 1.5 ～ 4 cm，直径 2 ～ 5 mm，圆柱状，肉桂色至淡红褐色，较脆，中空，表面光滑。担孢子 7.5 ～ 8.5 µm×3.5 ～ 4.5 µm，狭扁桃体形，表面光滑。

生境｜夏秋季生于阔叶林地上。

分布及讨论｜华南地区。用途未明。

引证标本｜ GDGM59102，2017 年 7 月 8 日钟祥荣、黄浩和黄秋菊采集于广东省珠海市桂山岛。

臭裸脚伞

Gymnopus foetidus (Sowerby) P. M. Kirk

子实体小型，菌盖长 1.5 ～ 4 cm，凸镜形至平展形，亮褐色至褐色，中部具脐凹，表面干燥，具明显的条纹和沟纹。菌褶直生，密集，与菌盖同色或比之较淡。菌柄长 2 ～ 4 cm，直径 1.5 ～ 2.5 mm，圆柱状，中生，淡橙色至黑褐色，表面具有白色短绒毛，直插入基物内。担孢子 7 ～ 9 μm× 3 ～ 4 μm，椭圆形，光滑，壁薄。

生境｜夏秋季散生于阔叶林中的枯枝上。

分布及讨论｜华南地区。用途未明。

引证标本｜ GDGM57059，2013 年 7 月 24 日李泰辉、黄浩和夏业伟采集于广东省珠海市大万山岛。

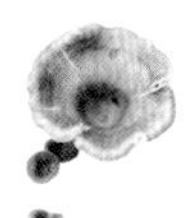

黑柄裸脚伞

Gymnopus melanopus A. W. Wilson et al.

子实体小型，菌盖直径 1 ～ 3.5 cm，凸镜形至平展形，中部稍下凹，中部微亮褐色，边缘颜色较淡，表面水渍状，具有条纹和沟纹。菌褶直生至附生，较紧密，淡褐色。菌柄长 2 ～ 4 cm，直径 2 ～ 3 mm，圆柱状，中生，顶部为亮褐色，越往下颜色越深，为黑色，表面被粉，直插入基物内。担孢子 6 ～ 8 μm× 3.5 ～ 4.5 μm，长椭圆形，光滑，壁薄。

生境｜夏秋季丛生于阔叶树的林地上。

分布及讨论｜华南地区。用途未明。

引证标本｜ GDGM58781，2016 年 4 月 14 日黄浩、邹俊平和宋宗平采集于广东省江门市上川岛。

梅内胡裸脚伞

Gymnopus menehune Desjardin et al.

子实体小型，菌盖直径 1.5 ～ 3 cm，初期凸镜形，渐变平展，中部轻微下凹，干燥，光滑无毛，中部颜色较深，呈淡粉褐色至浅褐色，向边缘变淡，边缘幼时内卷，后伸展。菌肉薄，与菌盖同色至近白色。菌褶直生至近延生，近白色或乳白色。菌柄长 3 ～ 5 cm，直径 2 ～ 3 mm，圆柱状，顶部与菌盖颜色接近，往下颜色渐深，呈暗褐色。担孢子 6 ～ 8 μm× 3 ～ 5 μm，近椭圆形至梨核形，光滑，无色，非淀粉质。

生境｜夏秋季丛生于木麻黄枯枝落叶或其他阔叶树的林地上。

分布及讨论｜华南地区。用途未明。

引证标本｜ GDGM58781，2016 年 4 月 14 日黄浩、邹俊平和宋宗平采集于广东省江门市上川岛。

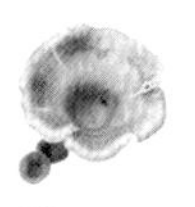

稀少裸脚伞（变细变种）

Gymnopus nonnullus var. *attenuates* (Corner) A. W. Wilson et al.

子实体小型，菌盖长 1.5 ～ 3.5 cm，凸镜形至平展形，中部凹陷，棕褐色至深褐色，边缘颜色较淡，具有放射状条纹。菌褶直生，淡棕色至淡棕褐色。菌柄长 0.5 ～ 1.5 cm，直径 1.5 ～ 2 mm，圆柱状，中生，顶部为淡褐色，向基部颜色变深，表面被粉霜或小鳞片，直插入基物内。担孢子 6.5 ～ 7.5 μm×3 ～ 4 μm，长椭圆形，光滑，壁薄。

生境｜夏秋季群生于森林地面的树枝或细枝上。

分布及讨论｜华南地区。用途未明。

引证标本｜ GDGM59449，2017 年 7 月 15 日钟祥荣、黄浩和黄秋菊采集于广东省江门市下川岛。

穿孔裸脚伞（参照种）

Gymnopus cf. *perforans* (Hoffm.) Antonín & Noordel.

子实体小型，菌盖 1.5 ～ 3 mm，凸镜形至近平展，中央凹陷，表面光滑，具放射状条纹，幼时淡棕色，成熟后颜色变深。菌褶白色至淡黄色，直生，边缘分叉。菌柄长 1 ～ 2 cm，直径 1 ～ 2.5 mm，棍棒状，顶部膨大，淡黄色至黄棕色，基部狭小被细绒，红棕色至黑褐色，担孢子 6 ～ 9.5 μm× 3.5 ～ 5 μm，椭圆形，表面光滑。

生境｜夏秋季散生于针叶林地上。

分布及讨论｜华南地区。用途未明。

引证标本｜ GDGM57119，2013 年 7 月 26 日李泰辉、黄浩和夏业伟采集于广东省珠海市白沥岛。

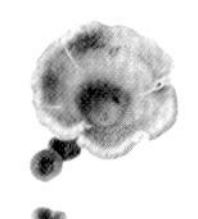

华丽海氏菇

Heinemannomyces splendidissimus Watling

子实体小型，菌盖直径 3 ～ 6 cm，平展，灰红色至红棕色，表面被平伏的毡状绒毛，边缘有菌幕残余，菌肉白色，伤变红。菌褶灰蓝色或铅灰色，后期变为灰黑色，离生至近弯生，密，有小菌褶。菌柄长 4 ～ 6 cm，直径 5 ～ 8 mm，柱状，中空菌环上位，绒毛状，菌环上较细，黄棕色至灰棕色，常覆有孢子印而呈灰紫色，菌环以下颜色与菌盖相近，淡红棕色，被毡状绒毛。担孢子 6 ～ 7 μm×4 ～ 4.5 μm，卵圆形或椭圆形，光滑，厚壁，蓝紫色。

生境｜夏秋季生于阔叶林中地上。

分布及讨论｜华南地区。用途未明。

引证标本｜ GDGM46633，2015 年 5 月 8 日李泰辉、李挺和 Md. Iqbal Hosen 采集于广东省阳江市海陵岛。

灰白亚侧耳

Hohenbuehelia grisea (Peck) Singer

子实体小型，菌盖直径 1 ～ 3 cm 。菌盖扇形至半圆形，黄棕色，边缘稍浅，表面具灰白色至淡灰色细绒毛，近基部绒毛渐密，成丛毛状，幼时边缘内卷，成熟后平展。菌肉肉质，厚实，水渍状，白色，伤不变色。菌褶延生，污白色，干时黄棕色至棕色。菌柄有或无，基部密被绒毛，白色至淡赭棕色。孢子印白色。担孢子 4 ～ 4.5 μm×6.5 ～ 8 μm，椭圆形，无色，薄壁，表面光滑，内含颗粒状物。

生境｜夏秋季生于杂木林地上。

分布及讨论｜华中和华南等地区。用途未明。

引证标本｜ GDGM59266，2017 年 7 月 15 日钟祥荣、黄浩和黄秋菊采集于广东省江门市下川岛。

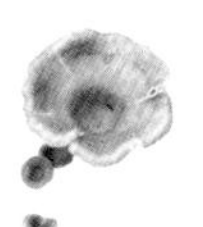

肾形亚侧耳

Hohenbuehelia reniformis (G. Mey.) Singer

子实体小型，菌盖直径 1 ～ 4 cm ，肾形到花瓣状，附着点附近光滑或有微毛，较黏，湿时边缘有时微衬，白色至水灰色，干燥后褪色较明显，常产生双色标本。菌褶紧密，发白，成熟时呈褐色。无柄。菌肉呈白色，有弹性。担孢子 5.5 ～ 8.5 μm×4 ～ 5 μm，平滑，近椭圆形。

生境｜夏秋季生于朽木上。

分布及讨论｜华南地区。用途未明。

引证标本｜ GDGM57147，2013 年 7 月 28 日李泰辉、黄浩和夏业伟采集于广东省珠海市大万山岛。

假尖锥湿伞

Hygrocybe pseudoacutoconica C.Q. Wang & T.H. Li

子实体小型，菌盖直径 0.5 ～ 4 cm。初期钝圆锥形，后平展、中央稍凸且易开裂，橙色、红橙色，中央颜色较深（红橙色至浅褐色），光滑，湿时黏；菌盖边缘内卷，不规则波状，成熟后常不规则的分裂，菌肉薄，白色或淡黄白色。菌褶离生，白色，蜡质，易碎。菌柄长 2 ～ 5 cm，直径 3 ～ 6 mm，圆柱形至近圆柱形，中生，光滑，橙色或红橙色，担孢子 9 ～ 11 μm×5 ～ 7 μm，宽椭圆形，光滑，薄壁，无色。

生境｜夏秋季散生或群生于草地上。

分布及讨论｜华南地区。用途未明。该种与尖锥湿伞 *H. acutoconica* (Clem.) Singer 相似，但后者子实体较大（2 ～ 10 cm），成熟后菌柄基部变黑，孢子较大（9 ～ 15 μm×5 ～ 9 μm）。

引证标本｜ GDGM57196，2013 年 7 月 23 日李泰辉、黄浩和夏业伟采集于广东省珠海市东澳岛。

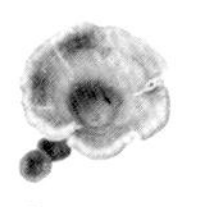

血红鸡油菌湿伞

Hygrocybe sp.

菌盖直径 0.4 ～ 0.6 cm，半球形，中央平展或稍凸，表面具绒毛或鳞片，盖边缘内卷，鲜红或血红色，中央色较深。菌肉薄，与盖同色。菌褶延生，稀疏，污白色至黄白色，完全菌褶末端常分叉，两完全菌褶间具不规则的小菌褶。菌柄长 2.4 ～ 2.9 cm，直径 1 ～ 2 mm，空心，圆柱形，与菌盖同色或稍浅于菌盖颜色，中生，光滑，基部白且色常弯曲。担孢子 8 ～ 12 μm× 5.5 ～ 8 μm，宽椭圆形，光滑，无色。

生境｜夏秋季散生或群生于海岛草地上。

分布及讨论｜华南地区。用途未明。本变种与鸡油湿伞 *H. cantharellus*（Schwein.）Murrill 相似，但后者菌盖颜色亮红至橙色，菌褶奶白色至黄色，菌柄基部常为黄色，担子稍短（36 ～ 61 μm× 7 ～ 11 μm）。

引证标本｜GDGM57218，2013 年 7 月 27 日李泰辉、黄浩和夏业伟采集于广东省珠海市小万山岛。

伞菌

二孢拟奥德蘑

Hymenopellis raphanipes (Berk.) R. H. Petersen

子实体小至中型，肉质。菌盖直径 5 ～ 9 cm，初期半球形，后近平展，中部稍突起，表面黏，边缘具径向皱瘤状，灰褐色。菌褶稀，白色至奶油色。菌柄长 6 ～ 12.5 cm，直径 3 ～ 1.5 mm，淡棕色至棕褐色，圆柱形，基部膨大有假根，光滑或具微绒毛，中空，质脆。担孢子 7 ～ 8 μm×4 ～ 6 μm，宽椭圆形至椭圆形。

生境｜夏秋季生于桉树林、松树林或针阔混交林内地上。

分布及讨论｜华中和华南等地区。用途未明。

引证标本｜ GDGM59294，2017 年 7 月 17 日钟祥荣、黄浩和黄秋菊采集于广东省江门市下川岛。

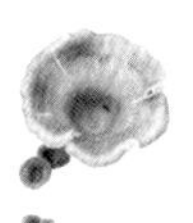

近黄孢丝盖伞

Inocybe subflavospora Matheny & Bougher

子实体小型，菌盖直径 2 ～ 4 cm，幼时半球形，成熟后渐平展，中央具突起，突起处棕褐色偏红，向边缘渐变至棕色，表面被细小鳞片，菌盖边缘光滑平整，颜色较中间淡。菌肉薄，棕褐色。菌褶直生，较稀，不等长，幼时肉桂色，成熟后褐色，褶缘不平滑，色稍淡。菌柄长 3 ～ 6 cm，直径 5 ～ 10 mm，圆柱形，等粗，不规则弯曲，黄白色至烟褐色，顶部颜色较淡，表面被绒毛状小纤维鳞片。担孢子 13.5 ～ 15 μm×7 ～ 3 μm，长椭圆形，棕褐色，表面光滑。

生境｜夏秋季群生于针叶林地上。

分布及讨论｜华南地区。用途未明。

引证标本｜ GDGM59348，2017 年 7 月 9 日钟祥荣、黄浩和黄秋菊采集于广东省珠海市桂山岛。

伞菌

红蜡蘑

Laccaria laccata (Scop.) Cooke

子实体小型，菌盖直径 2.5 ～ 4.5 cm，近扁半球形，后渐平展并上翘，中央下凹，鲜时肉红色、淡红褐色或灰蓝紫色，湿润时水渍状，干后呈肉色至藕粉色或浅紫色至蛋壳色，光滑或近光滑，边缘波状或瓣状并有粗条纹。菌肉与菌盖同色或粉褐色，薄。菌褶直生或近弯生，稀疏，宽，不等长，鲜时肉红色、淡红褐色或灰蓝紫色，附有白色粉末。菌柄长 3.5 ～ 8.5 cm，直径 3 ～ 8 mm，圆柱形，与菌盖同色，近圆柱形或稍扁圆，下部常弯曲，实心，纤维质，较韧，内部松软。担孢子 7.5 ～ 11 μm×7 ～ 9 μm，近球形，具小刺，无色或带淡黄色。

生境｜夏秋季散生或群生于中低海拔的针叶林和阔叶林中地上及腐殖质上，或者林外沙土坡地上，有时近丛生。

分布及讨论｜各地区均有分布。可食用、药用。

引证标本｜ GDGM58244，2014 年 3 月 22 日徐江和周世浩采集于广东省江门市上川岛。

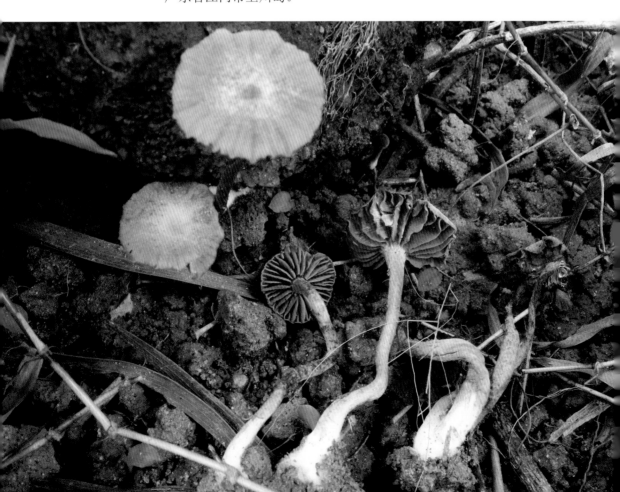

漏斗香菇

Lentinus arcularius (Batsch) Zmitr.

子实体一年生，单生或数个簇生，肉质至革质。菌盖直径3～5 cm，表面新鲜时乳黄色，干后黄褐色，被暗褐色或红褐色鳞片，边缘锐，干后略内卷。孔口表面干后浅黄色或橘黄色，多角形，每毫米1～4个，边缘薄，撕裂状。菌肉淡黄色至黄褐色，厚可达1 mm。菌管与孔口表面同色，长可达2 mm。菌柄与菌盖同色，干后皱缩，长3～5 cm，直径可达3～5 mm。担孢子8～10 μm×2.5～3.5 μm，圆柱形，略弯曲，无色，薄壁，光滑，非淀粉质，不嗜蓝。

生境｜夏秋季单生至群生于阔叶树的腐木上。

分布及讨论｜各地区均有分布。用途未明。

引证标本｜ GDGM57355，2013年4月27日徐江和周世浩采集于广东省江门市下川岛。

环柄香菇

Lentinus sajor-caju (Fr.) Fr.

子实体中到大型，菌盖直径 8 ～ 17 cm，软革质，干时变硬，中凹至杯形、漏斗形或近扇形，污白色，常带灰色斑点，后淡黄色、灰黄褐色至灰褐色，光滑至被绒毛，有时被平伏暗色小鳞片，具条纹，老时可龟裂。菌肉韧，干时坚硬，角质，白色。菌褶长延生，污白色、与盖同色至更暗，密。菌柄长 1 ～ 3 cm，直径 8 ～ 15 mm，中生、偏生或侧生，圆柱形，硬，实心，白色至与菌盖同色。菌环明显至不明显，幼时白色至淡黄褐色，后期如脱落常仍有环痕。担孢子 5 ～ 8 μm×2 ～ 2.5 μm，圆柱形，常弯曲，无色，非淀粉质。

生境｜夏秋季单生至群生于阔叶树、混交林腐木上。

分布及讨论｜华南地区。该种常被人误作为肺形侧耳（凤尾菇）*Pleurotus pulmonarius* (Fr.) Quél. 栽培食用，但后者菌柄上无菌环。可食用、药用。

引证标本｜GDGM58084，2014 年 4 月 21 日徐江和周世浩采集于广西壮族自治区北海市涠洲岛。

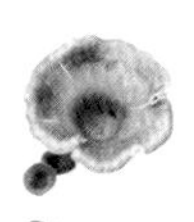

翘鳞香菇

Lentinus squarrosulus Mont

子实体中型，菌盖直径4～9 cm，漏斗状，灰白色、淡黄色或微褐色，干，被同心环状排列的上翘至平伏的灰色至褐色丛毛状小鳞片，边缘初内卷，薄。菌肉厚，革质，白色。菌褶延生，分叉，有时近柄处稍交织，白色至淡黄色，密。菌柄长 2.5 ～ 5 cm，直径 4 ～ 10 mm，圆柱形，近中生至偏生或近侧生，常向下变细，实心，与菌盖同色，常基部稍暗，被丛毛状小鳞片。担孢子 6 ～ 8 μm×2 ～ 2.5 μm，长椭圆形至近长方形，光滑，无色，非淀粉质。

生境｜夏秋季群生、丛生或近叠生于混交林或阔叶林中腐木上。

分布及讨论｜华南地区。可食用。

引证标本｜ GDGM57689、GDGM48249，2017 年 4 月 11 日钟祥荣和黄浩采集于广东省湛江市东海岛。

伞菌

虎皮香菇

Lentinus tigrinus (Bull.) Fr.

子实体中等至稍大。菌盖半肉质，边缘易开裂，宽 5 ～ 13 cm，常为圆形，中部脐状至近漏斗形，淡黄色至棕褐色，覆有深褐色翘起的鳞片。菌肉白色，薄，具香味。菌褶延伸，白色，密。菌柄长 4 ～ 7 cm，直径 5 ～ 13 mm，中生或偏生，有时基部相连，内实，白色，近革质，有细鳞片。担孢子 6 ～ 8 μm×2 ～ 3.5 μm，近圆柱形至长椭圆形，无色，光滑。

生境｜春季至秋季生于阔叶树腐木上。

分布及讨论｜华中和华南等地区。可食用。

引证标本｜ GDGM57337，2012 年 4 月 10 日徐江和周世浩采集于海南省三亚市西瑁州岛。

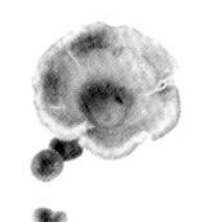

细环柄菇

Lepiota clypeolaria (Bull.) P. Kumm.

子实体中型，菌盖直径 2 ～ 4 cm，污白色，被浅黄色、黄褐色、浅褐色至茶褐色鳞片。菌肉薄，肉质，白色。菌褶白色。菌柄长 4 ～ 6 cm，直径 2 ～ 5 mm，菌环以上近光滑、白色，以下密被白色至浅褐色绒状鳞片，基部常具白色的菌索。菌环白色，绒状至近膜质，易脱落。担孢子 11 ～ 15 μm×4.5 ～ 7 μm，侧面观纺锤形或近杏仁形，光滑，无色。

生境｜夏秋季生于林中地上。

分布及讨论｜各地区均有分布。可食用。

引证标本｜ GDGM57209，2013 年 7 月 29 日李泰辉、黄浩和夏业伟采集于广东省珠海市桂山岛。

伞菌

冠状环柄菇

Lepiota cristata (Bolton) P. Kumm.

子实体小至中型，菌盖直径 4 ～ 7 cm，白色至污白色，被红褐色至褐色鳞片，中央具钝的红褐色光滑突起。菌肉薄，白色，具令人作呕的气味。菌褶离生，白色。菌柄长 4 ～ 8 cm，直径 3 ～ 8 mm，白色，后变为红褐色。菌环上位，白色，易消失。担孢子 5.5 ～ 8 μm×2.5 ～ 4 μm，侧面观麦角形或近三角形，无色，拟糊精质。

生境｜夏秋季单生或群生于林中、路边、草坪等地上。

分布及讨论｜各地区均有分布。有毒。

引证标本｜ GDGM58450，2016 年 4 月 17 日黄浩、邹俊平和宋宗平采集于广东省江门市下川岛。

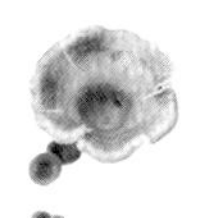

环柄菇

Lepiota sp.

子实体小型，菌盖直径 3 ～ 5 cm，平展，中央有小突起，暗红色至红棕色被鳞片，不平滑。菌肉白色。菌褶白色至米色。菌柄长 5 ～ 7 cm，直径 5 ～ 10 mm，圆柱形，光滑，黄白色。担孢子 6 ～ 8.5 μm×4.5 ～ 6.5 μm，光滑，无色，淀粉质。

生境｜夏秋季生于针阔混交林中地上。

分布及讨论｜各地区均有分布。用途未明。

引证标本｜ GDGM57189，2013 年 7 月 28 日李泰辉、黄浩和夏业伟采集于广东省珠海市大万山岛。

伞菌

花脸香蘑

Lepista sordida (Schumach.) Singer

子实体中型，菌盖直径 4 ～ 8 cm，幼时半球形，后平展，新鲜时紫罗兰色，失水后颜色变淡呈淡紫色，边缘内卷，具不明显的条纹，中部下凹，湿润时半透状或水渍状。菌肉带淡紫罗兰色，水渍状。菌褶直生，有时稍弯生或稍延生，淡紫色。菌柄长 4 ～ 7 cm，直径 3 ～ 10 mm，紫罗兰色，实心，基部多弯曲。担孢子 7 ～ 9.5 μm×4 ～ 5.5 μm，宽椭圆形至卵圆形，粗糙至具麻点，无色。

生境｜夏季群生或近丛生于田野路边、草地、草原、农田附近、村庄路旁。

分布及讨论｜东北、西北、华中和华南等地区。可食用、药用。

引证标本｜ GDGM73474，2015 年 5 月 26 日黄浩、邹俊平和邓树方采集于广东省阳江市海陵岛。

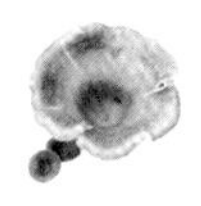

纯黄白鬼伞

Leucocoprinus birnbaumii (Corda) Singer

子实体小至中型，菌盖直径 3 ～ 6 cm，被黄色、硫黄色至黄褐色鳞片，边缘具细密的辐射状条纹。菌褶离生，乳黄色。菌柄长 4 ～ 8 cm，直径 2 ～ 5 mm，圆柱形，淡黄色至黄色，基部明显膨大。菌环中上位，上表面淡黄色至黄色，下表面淡黄色，易脱落。担孢子 9 ～ 10.5 μm×6 ～ 7.5 μm，椭圆形或杏仁形，具明显的芽孔，光滑，无色，拟糊精质。

生境｜夏秋季散生至群生于林中地上、路边及室内花盆中。

分布及讨论｜各地区均有分布。有毒。

引证标本｜ GDGM48217、GDGM57292，2013 年 7 月 30 日李泰辉、黄浩和夏业伟采集于广东省珠海市外伶仃岛。

粗柄白鬼伞

Leucocoprinus cepistipes (Sowerby) Pat.

子实体中型，菌盖 3 ～ 7 cm，幼时半球形，成熟后呈凸镜形至平展，白色至粉红色，中间有红褐色至灰褐色隆起，表面干燥，具有粉状颗粒，边缘平整，颜色较盖面深，表面常具辐射状条纹。菌肉白色，薄，伤不变色。菌褶离生，白色至粉红色，老后浅褐色。菌柄长 5 ～ 8 cm，直径 4 ～ 6 mm，圆柱形，不规则弯曲，底部稍膨胀，由上至下白色至棕褐色。菌环白色，长出后迅速消失，基部菌丝白色。担孢子 7 ～ 11 μm×4 ～ 7 μm，椭圆形，表面光滑，壁厚。

生境｜夏秋季生于阔叶林或草地上。

分布及讨论｜华南地区。有毒。

引证标本｜ GDGM59169，2017 年 7 月 9 日钟祥荣、黄浩和黄秋菊采集于广东省珠海市桂山岛。

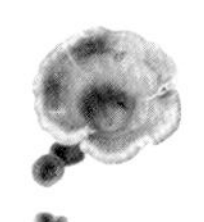

白垩白鬼伞

Leucocoprinus cretaceus (Bull.) Locq.

子实体小至中型，菌盖 2 ～ 5 cm，幼时近圆筒状，成熟后呈凸镜形至近平展，表面干燥，白色，布满疣状鳞屑。菌肉白色，伤不变色。菌褶离生，密，白色。菌柄长 3 ～ 8 cm，直径 0.3 ～ 0.6 cm，圆柱状，不规则弯曲，底部膨胀粗大，表面覆盖着白色鳞屑，基部菌丝白色。气味不明显。担孢子 7.5 ～ 9 μm×4.5 ～ 6 μm，卵圆形至椭圆形，表面光滑，壁厚。

生境｜夏秋季单生或群生于阔叶林地上。

分布及讨论｜华南地区。用途未明。

引证标本｜ GDGM59100、GDGM59147，2017 年 7 月 8 日钟祥荣、黄浩和黄秋菊采集于广东省珠海市桂山岛。

易碎白鬼伞

Leucocoprinus fragilissimus (Ravenel ex Berk. & M. A. Curtis) Pat.

子实体小型，菌盖直径2～3 cm，平展，膜质，易碎，具辐射状褶纹，近白色，被黄色至浅绿黄色的粉质细鳞。菌肉极薄。菌褶离生，黄白色。菌柄长4～7 cm，直径2～3 mm，圆柱形，淡绿黄色，脆弱。菌环上位，膜质，白色。担孢子10～13 μm×7～9 μm，椭圆形至宽椭圆形，光滑，无色，拟糊精质。

生境｜夏秋季单生于林中地上或草丛中地上。

分布及讨论｜华中和华南等地区。用途未明。

引证标本｜GDGM59205，2017年7月17日钟祥荣、黄浩和黄秋菊采集于广东省江门市下川岛。

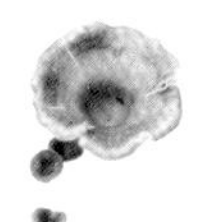

伏果白鬼伞

Leucocoprinus lacrymans T. K. A. Kumar & Manim.

子实体小至中型，菌盖直径 3 ～ 5 cm，幼时圆锥形至钟形，成熟后半球形至平展，白色至灰白色，中间有明显的青红褐色突起，表面布满红褐色的颗粒状鳞片，边缘初期内卷。菌肉厚 3 mm，新鲜时白色，干后灰橙色。菌褶密，直生，白色至黄白色，不等长。菌柄长 4 ～ 6 cm，直径 4 ～ 6 mm，圆柱状，中空，从上往下呈橙白色至红褐色，表面被绒毛，菌环上位，白色，膜质。担孢子 9 ～ 10.5 μm×6.5 ～ 7.5 μm，宽椭球体，卵球形或近球形，表面光滑。

生境｜夏秋季群生于椰子树基部周围的土壤和腐烂的落叶层。

分布及讨论｜华南地区。用途未明。

引证标本｜ GDGM57029，2013 年 7 月 23 日李泰辉、黄浩和夏业伟采集于广东省珠海市东澳岛。

伞菌

洛巴伊大口蘑

Macrocybe lobayensis (R. Heim) Pegler & Lodge

子实体中至大型，菌盖直径 8 ～ 28 cm，污白色、象牙白色或淡灰褐色，不黏，初期半球形或扁半球形，后渐平展或中部稍下凹。菌肉厚，白色，无明显气味或稍有淀粉味。菌褶密，宽，弯生，不等长，白色。菌柄长 7 ～ 16 cm，直径 3 ～ 5 cm，基部可膨大至直径 10 cm 以上，常多个相连，白色，实心。担孢子 5 ～ 7.5 μm×3.5 ～ 5 μm，卵圆形至宽椭圆形，光滑，无色。

生境 | 春夏季常丛生至簇生于草地或蕉林地上。

分布及讨论 | 华南地区。可食用、药用。

引证标本 | GDGM59172，2017 年 7 月 17 日钟祥荣、黄浩和黄秋菊采集于广东省江门市下川岛。

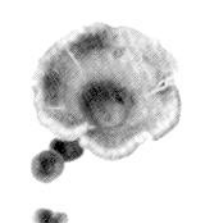

白微皮伞

Marasmiellus candidus (Fr.) Singer

子实体小型，菌盖直径 0.5 ～ 3 cm，凸镜形至平展，中央微凹，膜质，白色至灰白色，有绒毛，边缘有条纹或沟条纹。菌褶直生至短延生，稀，白色，不等长，稍有分枝和横脉。菌柄长 0.5 ～ 2 cm，直径 1 ～ 2 mm，圆柱形，白色，下部色暗，后变暗灰褐色。担孢子 11 ～ 15.5 μm×3.5 ～ 4.5 μm，瓜子形至长椭圆形，光滑，无色，非淀粉质。

生境｜夏秋季群生或丛生于阔叶树的腐木或枯枝上。

分布及讨论｜华南地区。用途未明。

引证标本｜ GDGM40411，2012 年 3 月 23 日徐江和周世浩采集于广东省江门市上川岛。

伞菌

皮微皮伞

Marasmiellus corticum Singer

子实体小型，菌盖直径 0.5 ～ 3.5 cm，平展至凸镜形，中央下凹，膜质，白色，半透明，被白色细绒毛，具辐射沟纹或条纹。菌褶直生，白色，稀，不等长。菌柄长 5 ～ 20 mm，直径 1 ～ 2 mm，圆柱形，偏生，常弯曲，白色，被绒毛，基部菌丝体白色至黄白色。担孢子 7 ～ 10 μm×4 ～ 5.5 μm，椭圆形，光滑，无色。

生境｜夏秋季群生于混交林中腐木上或竹竿上。

分布及讨论｜华南地区。用途未明。

引证标本｜ GDGM40416，2012 年 4 月 11 日徐江和周世浩采集于海南省三亚市西瑁州岛。

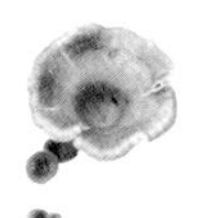

半焦微皮伞

Marasmiellus epochnous (Berk. & Broome) Singer

子实体小型，菌盖宽 8 ～ 20 mm，贝壳形至肾形、近圆形至椭圆形，初期白色至近白色，后期微褐色至带粉红橙灰色，被粉末状细绒毛至近光滑，有沟纹。菌褶白色，老后部分带淡褐色，直生或离生，不等长，分叉。菌柄长 2 ～ 4 mm，偏生至近侧生，白色，被粉末状绒毛。担孢子 8 ～ 10 μm× 4.5 ～ 5.5 μm，椭圆形，光滑，无色。

生境｜夏秋季群生于阔叶林中枯枝上。

分布及讨论｜华南地区。用途未明。

引证标本｜ GDGM57156，2013 年 7 月 28 日李泰辉、黄浩和夏业伟采集于广东省珠海市大万山岛。

伞菌

枝生微皮伞

Marasmiellus ramealis (Bull.) Singer

子实体小型，菌盖直径 0.5 ～ 1.3 cm，幼时钟形，成熟后渐平展，菌盖中部稍下凹，表面具条纹，淡粉色至淡褐色，中部色深，幼时菌盖边缘内卷，成熟后逐渐展开。菌褶较稀，近延生，白色至污白色，不等长。菌柄长 0.5 ～ 1 cm，直径 1 ～ 2 mm，圆柱形或弯曲，上部色淡，下部为褐色至深褐色，表面被粉状颗粒，基部有绒毛，实心。担孢子 8 ～ 9.5 μm× 3 ～ 4 μm，披针形至长椭圆形，内部具油滴。

生境｜夏季生于枯枝或其他植物残体上，生长于较阴暗潮湿环境，雨后常大量发生。

分布及讨论｜青藏高原，东北和华南等地区。可药用。

引证标本｜ GDGM59301，2017 年 7 月 15 日钟祥荣、黄浩和黄秋菊采集于广东省江门市下川岛。

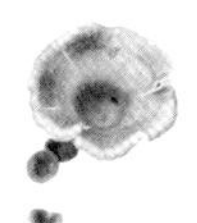

特洛伊微皮伞

Marasmiellus troyanus (Murrill) Dennis

子实体小型，菌盖宽 1.5 ～ 2 cm，偏圆形，白色至灰白色，有时呈灰褐色或肉红色，膜质，被粉末状绒毛，常有沟纹。菌肉薄，白色。菌褶直生，不等长，具微弱横脉，近白色。菌柄长 0.5 ～ 1 cm，直径 1 ～ 2 mm，侧生或偏生，圆柱形，近白色至淡褐色，有白色绒毛，实心。担孢子 8.5 ～ 10 μm×4.5 ～ 5.5 μm，椭圆形至梨核形，光滑，无色，非淀粉质。

生境｜单生至近群生于阔叶林中腐木上或枯枝上。

分布及讨论｜华南地区。用途未明。

引证标本｜ GDGM57070，2013 年 7 月 24 日李泰辉、黄浩和夏业伟采集于广东省珠海市大万山岛。

伞菌

白紫小皮伞

Marasmius albopurpureus T. H. Li & C. Q. Wang

子实体小型，菌盖宽 10 ～ 20 mm，初期褶皱成网状，中心淡紫色，沟纹白色至紫色，沟纹脊呈白色，后期中部稍下凹成脐状，边缘微卷，球形，表面光滑，顶部放射状，形成紫色沟纹，中心紫色、白色或奶油色，大部分为紫色。菌肉白色、奶油色至紫色，薄。菌褶近离至附生，稀，菌褶常退化，不明显且未延伸至菌盖边缘，幼时菌盖白色、奶油色、紫色至淡紫色，后期边缘的颜色浅灰色。菌柄长 6 ～ 9 cm，直径 1.5 ～ 3 mm，中生，圆柱形，向下不显著的加粗，空心，上部淡紫罗兰色，向基部呈褐色，基部菌丝白色。担孢子 21 ～ 24.5 μm×4.5 ～ 5 μm，长棒状至近纺锤形。

生境｜夏秋季散生或群生于阔叶树和草地上。

分布及讨论｜华南地区。用途未明。

引证标本｜ GDGM57089，2013 年 7 月 26 日李泰辉、黄浩和夏业伟采集于广东省珠海市白沥岛。

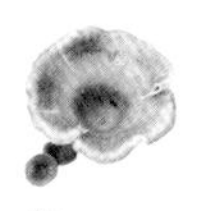

伯特路小皮伞

Marasmius berteroi (Lév.) Murrill

子实体小型，菌盖宽 0.5 ～ 2 cm，斗笠状、钟形至凸镜形，橙黄色、橙红色、橙褐色到铁锈色，表面光滑或被短绒毛，有沟纹。菌肉薄，近白色至带菌盖颜色，无味道或有辣味。菌褶不等长，白色至浅黄色，直生至弯生。菌柄长 3 ～ 6 cm，直径 0.5 ～ 1.3 mm，与菌盖同色至带紫褐色，上部色较浅，有光泽，基部菌丝污白色。担孢子 10 ～ 16 μm×3 ～ 4.5 μm，梭形至披针形，光滑，无色。

生境 | 夏秋季群生于阔叶林中枯枝落叶上。

分布及讨论 | 华南地区。用途未明。

引证标本 | GDGM57066，2013 年 7 月 24 日李泰辉、黄浩和夏业伟采集于广东省珠海市大万山岛。

花盖小皮伞

Marasmius floriceps Berk. & M. A. Curtis

菌盖直径 1 ～ 1.8 cm，扁半球形、凸镜形至平展，有不明显沟纹，中央有皱纹，橙色、橙红色至橙褐色，中部颜色较深。菌肉薄。菌褶附生，稍密，不等长，窄，白色。菌柄长 3 ～ 5 cm，直径 1 ～ 1.5 mm，圆柱形，上部分近白色、黄白色至有点青黄色，向基部渐变橙褐色，基部菌丝体白色至淡黄色。担孢子 6.5 ～ 9 μm×3 ～ 3.5 μm，椭圆形，薄壁，透明，无色，非淀粉质。

生境 | 单生或群生于双子叶植物腐叶或腐枝上。

分布及讨论 | 东北、华中和华南等地区。用途未明。

引证标本 | GDGM57357，2017 年 7 月 10 日钟祥荣、黄浩和黄秋菊采集于广东省珠海市外伶仃岛。

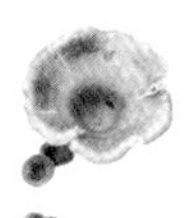

多花小皮伞

Marasmius floridens Berk. & Broome

子实体小型，菌盖 0.5 ～ 1 cm，圆锥形、圆锥状的钟形，近无脐凸，黄紫色、黄褐色，菌盖中央颜色较深，呈红褐色。菌褶弯生、近离生，白色至淡橙黄色，褶缘红色，较稀，等长，无小菌褶。菌柄长 3 ～ 5 cm，直径 0.5 ～ 1 mm，圆柱形，顶部白色，基部褐色。担孢子 10 ～ 11 μm× 3 ～ 4 μm，椭圆形、拟纺锤形，壁薄，表面光滑。

生境 | 夏秋季长于林中腐木上。

分布及讨论 | 华中和华南等地区。用途未明。

引证标本 | GDGM29949，2012 年 3 月 23 日徐江和周世浩采集于广东省江门市上川岛。

红盖小皮伞

Marasmius haematocephalus (Mont.) Fr.

菌盖直径 0.5 ～ 2.5 cm，初钟形，后凸镜形至平展具脐突，红褐色至紫红褐色，干，密生微细绒毛，具沟纹。菌褶弯生至离生，稀，初白色，后转淡黄白色。菌柄长 3 ～ 5 cm，直径 0.5 ～ 1 mm，深褐色或暗褐色，近顶部黄白色，基部稍膨大呈吸盘状，上有白色菌丝体。担孢子 16 ～ 26 μm× 4 ～ 5.5 μm，近长梭形，光滑，无色。

生境｜夏秋季群生于阔叶林中枯枝腐叶上。

分布及讨论｜西北、华中和华南等地区。用途未明。

引证标本｜ GDGM74032，2015 年 5 月 10 日李泰辉、李挺和 Md. Iqbal Hosen 采集于广东省汕头市南澳岛。

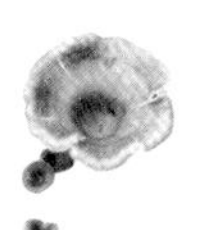

膜盖小皮伞

Marasmius hymeniicephalus (Speg.) Singer

子实体小型，菌盖直径 0.7 ～ 4 cm，扁半球形、凸镜形至近平展，有时中央稍有脐凹或小微突，膜质，乳白色，有时稍带蛋壳色，有条纹或沟纹。菌肉极薄，白色。菌褶直生，白色至带微黄色，有分叉和横脉。菌柄长 1.2 ～ 5 cm，直径 1 ～ 2.5 mm，圆柱形，顶端白色至黄白色，向下渐变乳黄色至黄褐色，被白色短绒毛，纤维质，空心，基部具白色绒毛，密集。担孢子 6 ～ 7.5 μm×3.5 ～ 4.5 μm，椭圆形，光滑，无色。

生境｜群生至丛生于阔叶林中腐枯枝落叶上。

分布及讨论｜华北和华南等地区。用途未明。

引证标本｜ GDGM57270，2013 年 7 月 30 日李泰辉、黄浩和夏业伟采集于广东省珠海市外伶仃岛。

茉莉小皮伞

Marasmius jasminodorus Wannathes et al.

子实体小型，菌盖直径 1.5 ～ 4 cm，扁半球形、凸镜形至平展，表面被细小绒毛，橙色、橙红色至橙褐色，具淡黄色花斑。菌肉薄。菌褶附生，稍密，不等长，窄，白色。菌柄长 2.5 ～ 6 cm，直径 1 ～ 2 mm，圆柱形，空心，顶端近白色、黄白色至有点青黄色，向基部渐变橙褐色，基部菌丝体白色至淡黄色。担孢子 9 ～ 12 μm×3 ～ 4 μm，椭圆形，薄壁，透明，无色，非淀粉质。

生境｜单生或群生于双子叶植物腐叶或腐枝上。

分布及讨论｜东北、华中和华南等地区。用途未明。

引证标本｜GDGM59177，2017 年 7 月 10 日钟祥荣、黄浩和黄秋菊采集于广东省珠海市外伶仃岛。

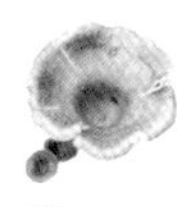

莱氏小皮伞

Marasmius leveilleanus (Berk.) Sacc.

子实体小型，菌盖长 1.5 ～ 2.5 cm，钟形至凸镜形，中部具脐凹，红褐色至褐色，边缘颜色变淡为橙褐色或亮褐色，表面干燥，具放射状沟纹。菌褶离生，稀疏，无小菌褶，白色至淡黄色。菌柄长 3 ～ 5 cm，直径 0.5 ～ 1.5 mm，圆柱状，中生，顶部为亮褐色，向下基部颜色稍深，为暗褐色，表面干燥，光滑，直插入基物内。担孢子 8 ～ 11 μm×3 ～ 4 μm，椭圆形至长椭圆形，光滑，壁薄，透明。

生境｜夏季群生于双子叶植物的落叶及腐木或枯枝上。

分布及讨论｜华南地区。用途未明。

引证标本｜ GDGM59101，2017 年 7 月 8 日钟祥荣、黄浩和黄秋菊采集于广东省珠海市桂山岛。

伞菌

大皮伞

Marasmius maximus Hongo

子实体小至中型，菌盖直径 2.5 ～ 5 cm，初为钟形或馒头形，后展开，扁平中部突起，有辐射状沟，呈皱褶状，表面淡黄色至鞣皮色，中部带褐色，干后发白。菌肉薄，革质。菌褶凹生至离生，稀，苍白色至淡黄白色，宽 2 ～ 7 mm。菌柄长 5 ～ 8 cm，直径 2 ～ 3 mm，上下等粗，质硬，表面稍呈纤维状，上部粉状，内实。担孢子 7 ～ 9 μm×3 ～ 4 μm，纺锤形至椭圆形。

生境｜春季至秋季尤在初夏群生于各种林内落叶较多的地上。

分布及讨论｜西藏，东北和华南等地区。可食用、药用。

引证标本｜ GDGM58203，2016 年 4 月 24 日黄浩、邹俊平和宋宗平采集于广东省茂名市放鸡岛。

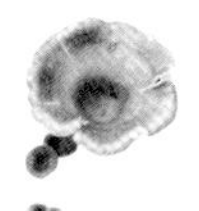

硬柄小皮伞

Marasmius oreades (Bolton) Fr.

子实体小至中型，菌盖直径 1.5 ～ 3 cm，幼时扁半球形，成熟后渐平展，浅肉色至黄褐色，中部稍突起，边缘平滑，湿时可见条纹。菌肉薄，近白色至带菌盖颜色。菌褶白色至污白色，直生，稀疏，不等长。菌柄长 4 ～ 7 cm，直径 1.5 ～ 3 mm，圆柱形，淡黄白色至褐色，表面被一层绒毛状鳞片。担孢子 7.5 ～ 9.5 μm×3 ～ 3.5 μm，椭圆形，光滑，无色。

生境｜夏季草地、路边、田野、森林等地常见。

分布及讨论｜东北、华北、华中和华南等地区。可食用、药用。

引证标本｜ GDGM57073，2013 年 7 月 25 日李泰辉、张明和李鹏采集于广东省汕头市南澳岛。

伞菌

轮小皮伞

Marasmius rotalis Berk. & Broome

菌盖直径 3 ～ 8 mm，初半球形，后凸镜形，中央有一小乳突，白色、黄白色至淡褐色，中央颜色较深，有条纹或沟纹。菌肉薄，与菌盖同色。菌褶直生，形成一项圈。菌柄长 2 ～ 4 cm，直径 0.5 ～ 1 mm，圆柱形，空心，暗褐色，有黑色的菌索。担孢子 7 ～ 9 μm×3 ～ 4 μm，椭圆形，光滑，无色。

生境｜夏秋季群生于林内阔叶树落叶上。

分布及讨论｜东北、华北、西北、华中和华南等地区。用途未明。

引证标本｜ 2014 年 6 月 21 日夏业伟和宋宗平采集于广东省汕头市南澳岛。

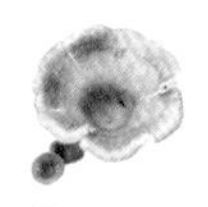

干小皮伞

Marasmius siccus (Schwein.) Fr.

子实体小型，菌盖直径 1 ～ 1.5 cm，半球形、凸镜形至平展，橙黄色、赭黄色、橙色至深橙色，中央有脐突，具沟纹。菌褶宽 1 ～ 3 mm，弯生至近离生，白色，较稀，有或无小菌褶。菌柄长 3 ～ 5 cm，直径 0.5 ～ 1.5 mm，圆柱形，上部白色，向下逐渐变为深栗色至黑色，光滑，有漆样光泽，基部有白色至黄白色的菌丝体。担孢子 16 ～ 21 μm×3 ～ 4 μm，倒披针形，常弯曲，光滑，白色。

生境｜夏秋季群生或单生于林内阔叶树落叶上。

分布及讨论｜东北、华北、西北、华中和华南等地区。用途未明。

引证标本｜ GDGM57155，2013 年 7 月 28 日李泰辉、黄浩和夏业伟采集于广东省珠海市大万山岛。

伞菌

紫柄铦囊蘑（近缘种）

Melanoleuca aff. *porphyropoda* X. D. Yu

子实体中型。菌盖直径 3 ～ 8 cm，平展，边缘波状，表面污白色至灰褐色，中间颜色稍深，表面有白色绒毛。菌肉白色至奶油色。菌褶延生，白色，有小菌褶。菌柄长 6 ～ 12 cm，直径 10 ～ 16 mm，圆柱形，紫红色至红褐色，具绒毛，基部稍膨大。担孢子 8 ～ 12 μm，基部稍膨大，椭圆形，表面有小疣，无色，淀粉质。

生境｜春夏季单生或群生于草地上。

分布及讨论｜华南等地区。该种形态上与紫柄铦囊蘑近似，但后者分布在东北地区，且菌盖颜色也与前者有差异。该种用途未明。

引证标本｜ GDGM58934，2016 年 4 月 15 日黄浩采集于广东省江门市下川岛。

亚高山铦囊蘑（参照种）

Melanoleuca cf. *subalpine* (Britzelm.) Bresinsky & Stangl

子实体中型。菌盖直径 4 ～ 8 cm，半球形至扇平，黄褐色至棕褐色，中部颜色稍深，表面光滑，有时边缘上翘。菌肉白色。菌褶乳白色，近直生，密，不等长。菌柄长 4 ～ 6 cm，直径 5 ～ 10 mm，圆柱形，直立，污白色，有时具长纤毛实心。担孢子 7 ～ 8.5 μm×4 ～ 5.5 μm，无色，粗糙，椭圆形。

生境｜夏秋季单生或群生于草地上。

分布及讨论｜青藏、西北和华南等地区。用途未明。

引证标本｜ GDGM40428，2012 年 4 月 12 日李挺、张明和闫文娟采集于广东省汕头市南澳岛。

糠鳞小蘑菇

Micropsalliota furfuracea R. L. Zhao et al.

子实体小型，菌盖直径 2.5 ～ 5 cm，初期钝圆锥形或突起，后伸展呈平突，污白色至稍带褐色，边缘有条纹，中央有淡棕褐色平贴小鳞片，边缘小鳞片糠麸状。菌肉白色，伤后或老后变红褐色至暗褐色。菌褶离生，不等长，棕黄褐色至棕褐色。菌柄长 3 ～ 6 cm，直径 3 ～ 5 mm，等粗，空心，纤维质，初期白色至淡黄色，伤后变红褐色，后期变暗褐色至暗紫褐色。菌环上位，单环。担孢子 5 ～ 7 μm×3.5 ～ 4 μm，椭圆形，光滑，褐色。

生境｜群生或丛生于阔叶林中地上。

分布及讨论｜华南地区。用途未明。

引证标本｜ GDGM59265，2017 年 7 月 15 日钟祥荣、黄浩和黄秋菊采集于广东省江门市下川岛。

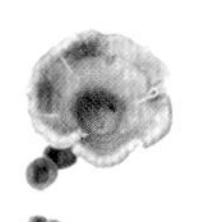

新假革耳

Neonothopanus nambi (Speg.) R. H. Petersen & Krisai

子实体小至中型，菌盖宽 3 ～ 6 cm，半圆形、扇形、贝壳形或近圆形，初期盖缘内卷，后渐平展，中部稍凹陷，盖缘成熟时开裂成瓣状，白色或灰白色，表面平滑。菌肉肉质，较硬，复性强，白色至乳白色。菌褶短延生至菌柄顶端，在菌柄处交织，中等密度或稍密，不等长。菌柄较短，长 0.8 ～ 2.5 cm，直径 7 ～ 12 mm，偏生、侧生，实心，基部被绒毛。担孢子 3.4 ～ 5.5 μm×2 ～ 3.5 μm，椭圆形，具明显的尖突，表面有皱褶，无色，非淀粉质。

生境｜春秋季生于阔叶树枯木上。

分布及讨论｜东北、华中和华南等地区。有毒，子实体在黑暗条件下可发荧光。

引证标本｜ GDGM43800，2016 年 4 月 14 日黄浩、邹俊平和宋宗平采集于广东省茂名市放鸡岛。

变蓝斑褶菇

Panaeolus cyanescens (Berk. & Broome) Sacc.

子实体小至中型，菌盖直径 2.5 ～ 6 cm，幼时半球形，后凸镜形至平展，初浅棕色，成熟后颜色变浅，偶黄色或褐色、浅褐色至灰褐色，水渍状，干燥时易开裂，伤后变绿色或蓝黑色。菌肉厚 1 ～ 3 mm，白色，伤后变蓝色至蓝黑色。菌褶直生或近直生，密，不等长，初灰色，成熟后黑色，褶缘锯齿状，有斑驳。菌柄长 5 ～ 10 cm，直径 3 ～ 6 mm，圆柱形，向基部稍膨大，上部白色，下部褐色或与菌盖同色，伤后变蓝黑色，有白色绒毛和条纹，空心。担孢子 11.5 ～ 14 μm×9 ～ 10 μm，柠檬形，有顶生芽孔，光滑，黑褐色至烟黑色。

生境｜夏秋季散生至群生于粪堆上或腐殖质丰富的林地上或草地上。

分布及讨论｜华中和华南等地区。有毒，可药用。

引证标本｜ GDGM57345，2013 年 4 月 27 日徐江、周世浩采集于广东省江门市下川岛。

粪生斑褶菇

Panaeolus fimicola (Pers.) Gillet

子实体小型，菌盖直径 1.5 ～ 4 cm，初期半球形，后扇半球形至平展，中部钝或稍突起，灰白色至灰褐色，中部黄褐色至茶褐色，边缘有暗色环带。菌肉薄，灰白色。菌褶直生，稀，幅宽，灰褐色，渐变为黑灰相间的花斑，最后变黑色，褶缘白色。菌柄长 4 ～ 6 cm，直径 2 ～ 3 mm，圆柱形，褐色，向下颜色稍深，中空。担孢子 12.5 ～ 15 μm×8.5 ～ 11.5 μm，柠檬形，光滑，褐色至黑褐色。

生境｜夏季生于马粪堆及其周围地上。

分布及讨论｜东北、西北和华南等地区。有毒。

引证标本｜ GDGM40904，2012 年 3 月 24 日徐江和周世浩采集于广东省江门市上川岛。

黄褐疣孢斑褶菇

Panaeolus foenisecii (Pers.) J. Schröt.

子实体小型。菌盖直径 2 ～ 3 cm，钟形或半球形，近平滑至具微绒毛，水渍状，黄褐色至暗褐色。菌肉薄，污白色。菌褶直生，灰白色至黄褐色。菌柄长 6 ～ 8 cm，直径 2 ～ 3 mm，圆柱状，细长，灰黄色或污白黄色，下部颜色渐变暗，近平滑，向下略粗。担孢子 13 ～ 18 μm×7 ～ 10 μm，椭圆形或近似柠檬形，暗黑色，光滑。

生境｜秋季散生或群生于草地上。

分布及讨论｜华北、东北和华南等地区。用途未明。

引证标本｜ GDGM58168，2016 年 4 月 24 日黄浩、邹俊平和宋宗平采集于广东省茂名市放鸡岛。

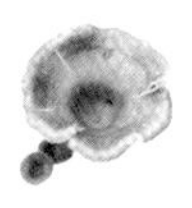

半卵形斑褶菇

Panaeolus semiovatus (Sowerby) S. Lundell & Nannf.

子实体小型。菌盖直径 2 ～ 3.5 cm，扁半球形至平展，光滑，黏，浅肉色至淡黄色，中间颜色较深，干后有光泽，边缘色浅，内卷，附有菌幕残余。菌肉薄，白色。菌褶密，离生，棕褐色、棕黑色至黑褐色，不等长，具黑、灰相间花斑，褶缘色浅。菌柄长 7 ～ 10 cm，直径 3 ～ 5 mm，圆柱形，近白色，表面光滑，脆。 菌环薄，黑色，成熟产孢后消失。担孢子 17 ～ 20 μm×8.5 ～ 11 μm，光滑，黑色，椭圆形。

生境｜夏秋季散生于牛、马粪便上。

分布及讨论｜青藏高原，华中和华南等地区。有毒。

引证标本｜ GDGM58243，2014 年 3 月 22 日徐江和周世浩采集于广东省江门市上川岛。

纤毛革耳

Panus ciliatus (Lév.) T. W. May & A. E. Wood

子实体小型，菌盖直径 2 ～ 5 cm，中凹至深漏斗形，革质，肉桂褐色至土红褐色，干时栗褐色，有时具淡紫色，被粗绒毛，边缘有刺毛，具同心环纹。菌肉白色或浅褐色。菌褶延生，密，苍白色、米黄色、淡黄色至黄褐色，有时带淡紫色。菌柄长 2 ～ 4 cm，直径 3 ～ 8 mm，常偏生，圆柱形，与菌盖同色，被粗厚绒毛，近菌褶基部有刺毛，纤维质，实心，常有假菌核。担孢子 5 ～ 6.5 μm×3 ～ 4 μm，椭圆形，光滑，无色。

生境｜夏秋季生于腐木中的假菌核上。

分布及讨论｜华南地区。用途未明。

引证标本｜ GDGM59325，2017 年 7 月 8 日钟祥荣、黄浩和黄秋菊采集于广东省珠海市桂山岛。

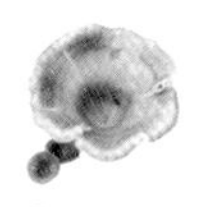

新粗毛革耳

Panus neostrigosus Drechsler-Santos & Wartchow

子实体小至中型，菌盖直径 3 ～ 8 cm，漏斗形，浅黄褐色，中央淡褐色，边缘常带紫色或淡紫色，密布长绒毛、直立短刺毛或长粗毛，边缘内卷，薄，常呈波状至略有撕裂。菌肉近菌柄处厚 1.5 ～ 2 mm，边缘薄，革质，白色。菌褶延生，黄白色至浅黄褐色，或褶缘带紫色，密，不等长。菌柄长 1 ～ 2 cm，直径 4 ～ 10 mm，圆柱形或具略膨大的基部，偏生至侧生，少中生，纤维质，实心，与菌盖同色，被绒毛至粗毛。担孢子 5 ～ 6 μm×2 ～ 3 μm，卵形至椭圆形，光滑，无色。

生境｜夏秋季散生于针阔混交林或阔叶林中腐木上。

分布及讨论｜各地区均有分布。用途未明。

引证标本｜ GDGM57105、GDGM48248，2017 年 4 月 11 日钟祥荣和黄浩采集于广东省湛江市东海岛。

桃红侧耳

Pleurotus djamor (Rumph.) Boedjin

子实体覆瓦状叠生或丛生，匙形、肺形、贝壳形或扇形，菌盖宽 2.5 ～ 8 cm，白色、淡粉色至粉红色，表面光滑，成熟后盖中部被绒毛，边缘初期内卷，具有浅条纹，常浅裂。菌肉厚，边缘薄，脆，渐变坚硬。菌褶延生或深延生，常在柄处交织成叉状或网状，密，褶幅窄，薄，褶缘完整或锯齿状。菌柄侧生，长 2 ～ 12 cm，直径 2 ～ 5 cm，被绒毛。担孢子 7 ～ 10 μm×3 ～ 4.5 μm，长椭圆形，光滑，无色，非淀粉质。

生境｜夏季生于热带地区阔叶树枯木上。

分布及讨论｜华南地区。可食用、药用。

引证标本｜ GDGM48247，2017 年 4 月 10 日钟祥荣和黄浩采集于广东省湛江市硇洲岛。

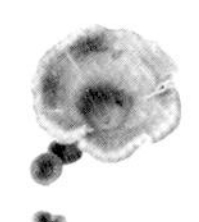

巨大侧耳

Pleurotus giganteus (Berk.) Karun. & K. D. Hyde

子实体大型，菌盖直径 6 ～ 30 cm，半球形至近扁平，中央微凹陷，表面起初均匀黑褐色，后渐变为淡黄色或淡黄褐色，边缘区域浅褐色至灰橙色，中央被纤维状鳞片。菌肉厚 5 ～ 10 mm，白色，海绵质。菌褶延生，密，白色至乳白色。菌柄长 5 ～ 20 cm，直径 10 ～ 20 mm，深褐色，纺锤形，基部具长假根，较坚硬，表面具绒毛。担孢子 7 ～ 9 μm×6 ～ 7 μm，宽椭圆形至椭圆形，表面光滑，壁薄。

生境｜夏秋季单生于阔叶林地下腐木上。

分布及讨论｜华中和华南等地区。可食用。

引证标本｜ GDGM59330，2017 年 7 月 8 日钟祥荣、黄浩和黄秋菊采集于广东省珠海市桂山岛。

糙皮侧耳

Pleurotus ostreatus (Jacq.) P. Kumm.

子实体中至大型，菌盖宽 4 ～ 10 cm，扁平形至后平展，呈扇形、肾形、贝壳形、半圆形等形状，浅灰色至黑褐色，后逐渐变成暗黄褐色，光滑或湿时黏，光滑或被纤维状绒毛，盖缘薄，幼时内卷，后逐渐平展至向外翻，有时开裂。菌肉厚，肉质，白色。菌褶宽 2 ～ 4 mm，常延生，白色、浅黄色至灰黄色。菌柄短或无，如有则侧生、稍偏生，长 1 ～ 1.5 cm，直径 0.8 ～ 1.5 cm，表面光滑或密生绒毛，白色，中实。担孢子 7.5 ～ 11.5 μm× 3.5 ～ 4.5 μm，圆柱形、长椭圆形，光滑，无色，非淀粉质。

生境｜晚秋生于倒木、枯立木、树桩、原木上，也生于衰弱的活立木基部。

分布及讨论｜各地区均有分布。可食用、药用，已广泛人工栽培。

引证标本｜ GDGM40960，2012 年 3 月 21 日徐江和周世浩采集于广东省江门市上川岛。

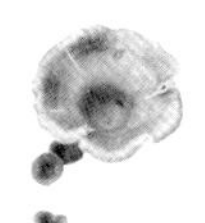

小白光柄菇

Pluteus albidus Beeli

子实体小型，菌盖直径 2 ～ 4 cm，幼时半球形至扁半球形，后期凸镜形至平展，具脐突，表面污白色至灰白色，被微细绒毛，有弱条纹。菌肉薄，白色。菌褶离生，初期白色，后呈淡粉红色，不等长。菌柄长 3 ～ 5 cm，直径 2 ～ 3 mm，圆柱形，白色至灰白色，光滑。担孢子 5.5 ～ 7 μm × 5 ～ 6 μm，宽椭圆形至近球形，光滑，带粉红色。

生境｜夏秋季单生至散生于林内腐木上。

分布及讨论｜华南地区。用途未明。

引证标本｜ GDGM40920，2012 年 3 月 23 日徐江和周世浩采集于广东省江门市上川岛。

蓝腿光柄菇

Pluteus padanilus Justo & C.K. Pradeep

子实体中型。菌盖直径 2.5 ～ 6 cm，初半球形，渐至凸镜至平展，中部稍钝凸或凹陷，灰褐色至褐色，略带蓝灰色调，中部色深，表面具明显放射状纤毛，中部具明显纤毛状鳞片，边缘具条纹。菌肉白色，伤不变色。菌褶离生，密，初白色，渐粉色，不等长，边缘平滑或具细纤毛。菌柄中生，长 3 ～ 6.5 cm，直径 0.3 ～ 0.5 cm，圆柱状，表面近白色至略带蓝灰色，基部色深，伤明显变蓝，光滑或具细微纵纹，实心。担孢子 6.5 ～ 8 μm×5 ～ 6 μm，椭圆形至宽椭圆形，光滑，壁稍厚，近透明或略带粉色。

生境｜夏秋季群生或散生于阔叶林活木上。

分布及讨论｜华南地区。用途未明。

引证标本｜ GDGM57258，2013 年 7 月 30 日李泰辉、黄浩和夏业伟采集于广东省珠海市外伶仃岛。

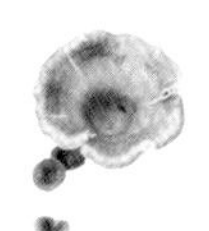

黄盖小脆柄菇

Psathyrella candolleana (Fr.) Maire

子实体小至中型，菌盖直径 2 ～ 5 cm，幼时圆锥形，渐变为钟形，老后平展，初期边缘悬挂花边状菌幕残片，黄白色、淡黄色至浅褐色，边缘具透明状条纹，成熟后边缘开裂，水渍状。菌肉薄，污白色至灰棕色。菌褶直生，淡褐色至深紫褐色，边缘齿状。菌柄长 4 ～ 7 cm，直径 3 ～ 5 mm，圆柱形，基部略膨大，幼时实心，后空心，丝光质，表面具白色纤毛。担孢子 5.5 ～ 7 μm×4 ～ 4.5 μm，椭圆形至长椭圆形，光滑，淡棕褐色。

生境｜夏秋季簇生于林中地上、田野、路旁等，罕生于腐朽的木桩上。

分布及讨论｜各地区均有分布。有毒，可药用。

引证标本｜ GDGM59113，2017 年 7 月 9 日钟祥荣、黄浩和黄秋菊采集于广东省珠海市桂山岛。

丸形小脆柄菇

Psathyrella piluliformis (Bull.) P. D. Orton

子实体小至中型，菌盖直径 3 ～ 5 cm，幼时圆锥形，成熟后渐平展至斗笠状，棕色至红棕色，中间突起颜色较深，表面有辐射状条纹，边缘平整有时会开裂，颜色较中间淡。菌肉薄，赭色。菌褶离生，稍稀，幼时淡棕色，老后深褐色，褶缘偏白。菌柄长 4 ～ 6 cm，直径 4 ～ 7 mm，圆柱状，白色至浅棕色，基部暗棕色，有绒毛，较脆，表面光滑。担孢子 4.5 ～ 6.5 μm× 2.5 ～ 4 μm，椭球形至卵圆形，淡黄色。

生境｜夏秋季群生于阔叶林或混交林地上。

分布及讨论｜东北和华南等地区。用途未明。

引证标本｜ GDGM57045，2013 年 7 月 23 日李泰辉、黄浩和夏业伟采集于广东省珠海市东澳岛。

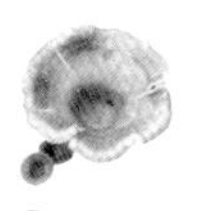

灰褐小脆柄菇

Psathyrella spadiceogrisea (Schaeff.) Maire

子实体小型，菌盖直径 3 ～ 5 cm，初期半球形至凸镜形，后渐平展，边缘具半透明条纹，红棕色至灰棕色，水渍状。菌肉薄，污白色至淡棕色，味清淡。菌直生，初期灰白色，渐变为淡棕色。菌柄长 4 ～ 7 cm，直径 3 ～ 5 mm，圆柱形，上部污白色，向下渐变为浅棕色。担孢子 6.5 ～ 7.5 μm×4 ～ 5.5 μm，椭圆形至长椭圆形，光滑，橘棕色。

生境｜夏季散生于阔叶林中地上。

分布及讨论｜东北、华中和华南等地区。用途未明。

引证标本｜ GDGM58805，2016 年 4 月 14 日黄浩、邹俊平和宋宗平采集于广东省江门市上川岛。

丁香色假小孢菇

Pseudobaeospora lilacina X.D. Yu & S.Y. Wu

子实体小型，菌盖直径 2 ～ 4 cm ，初期半球形至凸镜形，后渐平展，表面紫色、紫褐色至棕褐色，具微绒毛。菌褶直生至弯生，紫色，成熟后颜色稍淡。菌柄长 2 ～ 4 cm，直径 5 ～ 8 mm，圆柱形，上部淡棕褐色至紫色，向下渐变为浅棕色。担孢子 3 ～ 5.5 μm×2.5 ～ 4.5 μm，宽椭圆形至椭圆形，光滑。

生境｜夏季散生于林中地上。

分布及讨论｜华南地区常见。用途未明。

引证标本｜ 2013 年 6 月 27 日李泰辉、张明和李鹏采集于广东省汕头市南澳岛。

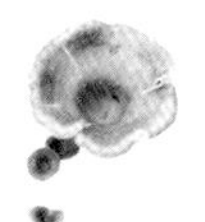

古巴裸盖菇

Psilocybe cubensis (Earle) Singer

子实体小型，菌盖直径 1.5 ～ 2.5 cm，锥形或半球形，后近平展，中部稍突起，有稀疏白色鳞片，边缘有白色菌幕残余，水渍状，幼时黄色，后呈赭色或奶油色，老时从边缘开始带白色，伤变蓝黑色。菌肉近白色，伤后变蓝黑色。菌褶直生或弯生，暗灰色至暗紫褐色，最后黑紫色，褶缘白色。菌柄长 4 ～ 8 cm，直径 0.4 ～ 0.8 cm，圆柱形，基部膨大，菌环以下光滑或稍有鳞片，顶部有条纹，白色至奶油色或黄褐色，伤后变蓝黑色，内部松软或空心。菌环上位，膜质，白色，常附有暗紫褐色孢子印。担孢子 12.5 ～ 14.5 μm×7.5 ～ 9.5 μm，近卵圆形，光滑，暗褐色。

生境｜夏季群生或单生于牛、马等动物的粪便上。

分布及讨论｜华南地区。该种具神经毒素，所含裸盖菇素能引起神经性中毒，毒性反应快，有致幻作用，可造成时空感觉的错乱或昏迷，服用量大时或可致死。

引证标本｜ GDGM59144，2017 年 7 月 17 日钟祥荣、黄浩和黄秋菊采集于广东省江门市下川岛。

拟日本红菇

Russula sp.

子实体中至大型，菌盖直径 6 ～ 10 cm，中央凹至近漏斗形，边缘略内卷，白色，常有土黄色的色斑，湿时稍黏。菌肉脆，白色。菌褶直生至贴生，密，不等长，白色，受伤后变淡褐色。菌柄长 3 ～ 5 cm，直径 1.5 ～ 2.5 cm，中生至微偏生，白色，受伤后变淡褐色。担孢子 6 ～ 7 μm× 5 ～ 6 μm，宽椭圆形至近球形，具小刺，无色，淀粉质。

生境｜散生至群生于阔叶林、混交林或针叶林中地上。

分布及讨论｜华中和华南等地区。该种与日本红菇 *Russula japonica* Hongo 近似，但前者菌褶和菌柄受伤后变淡褐色。

引证标本｜ GDGM59503，2014 年 4 月 24 日徐江和周世浩采集于广西壮族自治区北海市山口镇。

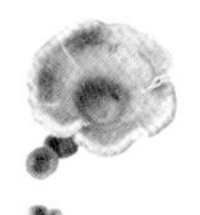

裂褶菌

Schizophyllum commune Fr.

子实体小型，菌盖宽 1 ～ 3 cm，扇形，灰白色至黄棕色，被绒毛或粗毛，边缘内卷，常呈瓣状，有条纹。菌肉白色，韧，无味。菌褶白色至棕黄色，不等长，褶缘中部纵裂成深沟纹。菌柄常无。担孢子 5 ～ 7 μm×2 ～ 3.5 μm，椭圆形或腊肠形，光滑，无色，非淀粉质。

生境 | 散生至群生，常叠生于腐木上或腐竹上。

分布及讨论 | 各地区均有分布。可食用、药用。

引证标本 | GDGM40900，2012 年 3 月 24 日李泰辉、黄浩、闫文娟和周世浩采集于广东省江门市上川岛。

间型鸡㙡

Termitomyces intermedius Har. Takah. & Taneyama

子实体中型。菌盖直径 6 ～ 10 cm，生长初期呈尖圆锥状，成熟后逐渐伸展至近平展，中央具尖凸，表面光滑，不黏或湿时微黏，淡灰色、灰褐色至暗褐色，常略带粉红色色泽，边缘呈淡灰褐色至灰白色，中部颜色稍深，初期稍内卷到下弯，后伸展，或多或少呈辐射状撕裂。菌肉呈白色，伤后不变色至微变粉红色。菌褶白色至淡粉红色，离生，宽 4 ～ 5 mm。菌柄地上部分长 8 ～ 10 cm，直径 8 ～ 15 mm，近圆柱状，略向近地表处增粗，中生，实心，纤维质，表面干燥至稍黏，常粘有部分环境中的泥沙，无纤毛，近白色至白色。菌柄基部向地下延伸成假根，与白蚁巢相连。担孢子 7 ～ 8 μm×4 ～ 5 μm，椭圆形，表面光滑，无色透明。

生境｜夏季群生于阔叶林地上，菌柄假根常与白蚁窝相连。

分布及讨论｜华中和华南等地区。可食用。

引证标本｜ GDGM58504，2015 年 5 月 24 日黄浩、邹俊平和邓树方采集于广东省湛江市硇洲岛。

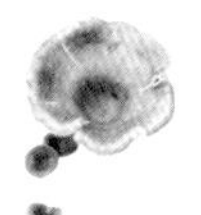

小果鸡㙡

Termitomyces microcarpus (Berk. & Broome) R. Heim

子实体小型，菌盖直径 1 ～ 2.5 cm，扁半球形至平展，白色至污白色，中央具有黑褐色突起，成熟后边缘常反翘。菌肉白色。菌褶离生，白色至淡粉红色。菌柄长 4 ～ 8 cm，直径 2 ～ 4 mm，具假根。担孢子 7 ～ 8 μm× 4.5 ～ 6 μm，椭圆形，光滑，无色，非淀粉质。

生境｜夏季生于热带和亚热带地区。

分布及讨论｜华南和华中等地区。可食用、药用。

引证标本｜ GDGM59405，2017 年 7 月 15 日钟祥荣、黄浩和黄秋菊采集于广东省江门市下川岛。

黑柄四角孢伞

Tetrapyrgos nigripes (Fr.) E. Horak

子实体中型，菌盖直径 6 ～ 12 mm，凸镜形至平展，淡黄白色至淡灰褐色，中央暗褐色至近黑色，边缘有辐射状沟纹。菌褶直生至稍延生，灰白色，稀。菌柄长 7 ～ 10 mm，直径 0.5 ～ 1 mm，暗灰色至黑色，顶端近白色。担孢子 8 ～ 9 μm×3 ～ 5 μm，三角形或四角形，具 3 ～ 5 个尖凸，无色，非淀粉质。

生境｜夏季生于热带和亚热带林中腐树枝上。

分布及讨论｜华南地区。用途未明。

引证标本｜ GDGM29953，2012 年 3 月 23 日徐江和周世浩采集于广东省江门市上川岛。

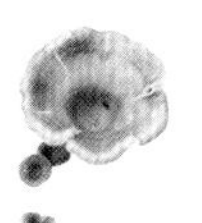

古巴小包脚菇

Volvariella cubensis (Murrill) Shaffer

子实体小至中型，菌盖宽 3 ～ 7 cm ，初期与菌托形成卵圆形，后与菌托分离成半球形、斗笠状至平展脐凸形，肉质，表面浅灰色至灰褐色，中央颜色较暗，光滑或被不明显绒毛，盖缘常有辐射状裂纹。菌肉近柄处厚 4 ～ 6 mm，白色，伤不变色，无味道至有点咸味。菌褶粉红色，离生，不等长。菌柄中生，长 6 ～ 13 cm，直径 7 ～ 13 mm，圆柱形。略向下增粗，白色，纤维质。菌托苞状，灰色，不易脱落，地面生。担孢子 4.5 ～ 6.5 μm× 3 ～ 4 μm，椭圆形，光滑，粉红色，非淀粉质。

生境｜夏秋季群生于阔叶林地上及极腐的木头上。

分布及讨论｜华南地区。用途未明。

引证标本｜ GDGM14120、GDGM14123，1988 年 6 月 7 日李泰辉采集于海南省三沙市永兴岛。

厄氏托光柄菇

Volvopluteus earlei (Murrill) Vizzini

子实体小至中型，菌盖直径 2.5 ～ 4.5 cm，白色至灰白色，幼时卵形或半球形，成熟后平展，中间具低而宽的圆形突起，盖表面黏，边缘平整。菌肉白色。菌褶离生，幼时白色，成熟后变粉红色。菌柄长 3 ～ 5 cm，直径 0.2 ～ 1 cm，圆柱状，表面白色，光滑或略微粗糙，基部略宽。担孢子 11 ～ 16.5 μm×8 ～ 11 μm，椭圆形。

生境｜夏秋季单生或群生于阔叶林地上。

分布及讨论｜华南地区。用途未明。

引证标本｜ GDGM73480，2014 年 8 月 31 日夏业伟和邓树方采集于广西壮族自治区北海市涠洲岛。

牛肝菌

暗褐脉柄牛肝菌

Phlebopus portentosus (Berk. & Broome) Boedijn

子实体大型，菌盖直径 8 ～ 20 cm，半球形、凸镜形至近平展，近光滑，黄褐色、褐色、绿褐色至暗褐色。菌肉厚 2.5 ～ 3 cm，淡黄色，伤后渐变蓝色。菌管长 10 ～ 20 mm，污黄色至淡黄色。孔口小，多角形，与菌管同色至带灰黄色。菌柄长 6 ～ 13 cm，直径 4 ～ 7 cm，圆柱形至棒形，粗壮，向基部膨大，被绒毛，暗褐色、金黄褐色至黄褐色，内部菌肉黄色，伤后变淡棕褐色。担孢子 6 ～ 12 μm×5 ～ 9 μm，光滑，宽椭圆形，淡黄棕色至淡绿棕色。

生境｜夏秋季生于李树等阔叶林中树下。

分布及讨论｜华南地区。可食用，已有人工栽培。

引证标本｜ GDGM58260，2014 年 4 月 21 日徐江和周世浩采集于广西壮族自治区北海市涠洲岛。

疸黄粉末牛肝菌

Pulveroboletus icterinus (Pat. & C. F. Baker) Watling

子实体小至中型。菌盖直径 3 ～ 6 cm，扁半球形至凸镜形，覆有一层厚的硫黄色粉末，可裂成块状，粉末脱离之后呈淡紫红色至红褐色。菌幕从盖缘延伸至菌柄，硫黄色，粉末状，破裂后残余物部分挂在菌盖边缘，部分附着在菌柄形成易脱落的粉末状菌环。菌肉黄白色，伤后变浅蓝色，有硫黄气味。菌管短延生或弯生，橙黄色、粉黄色至淡肉褐色，伤后变青绿色、蓝褐色或蓝绿色。孔口多角形。菌柄长 2 ～ 7.5 cm，直径 6 ～ 8 mm，中生至偏生，圆柱形，向基部稍变细，上覆有硫黄色粉末，伤后变灰蓝色至蓝色。菌环上位，硫黄色，易脱落。担孢子 8 ～ 10 μm×3.5 ～ 6 μm，椭圆形，光滑，浅黄色。

生境｜夏秋季单生于针阔混交林中地上。

分布及讨论｜华南地区。有毒，可药用。

引证标本｜ GDGM57572，2013 年 6 月 28 日李泰辉、张明和李鹏采集于广东省汕头市南澳岛。

相似干腐菌

Serpula similis (Berk. & Broome) Ginns

子实体一年生，覆瓦状叠生，肉质至软木栓质。菌盖扇形至不规则圆形，外伸可达 5 cm，宽可达 10 cm，基部厚可达 6 mm，表面奶油色至浅黄色，粗糙。子实层体黄白色至黄褐色，皱孔状至网纹褶状，近中央部分绝大多数褶厚，边缘褶较小。不育边缘明显，新鲜时淡黄色至黄褐色。菌肉浅奶油色，软木质至海绵质，厚可达 5 mm。担孢子 4.5 ～ 5.5 μm×3.5 ～ 4.5 μm，近球形，亮黄色，厚壁，光滑，非淀粉质，嗜蓝。

生境｜夏秋季生于竹子根部，造成木材褐色腐朽。

分布及讨论｜华南地区。用途未明。

引证标本｜ GDGM9186，2017 年 7 月 13 日钟祥荣、黄浩和黄秋菊采集于广东省江门市上川岛。

点柄乳牛肝菌

Suillus granulatus (L.) Roussel

子实体中型，菌盖直径 5 ～ 11 cm，扁半球形或近扁平，后变为凸镜形，淡黄色或黄褐色，湿时黏，新鲜时橘黄色至褐红色，干后有光泽，变为黄褐色至红褐色，边缘钝或锐，内卷。菌肉新鲜时奶油色，后淡黄色，伤不变色。菌管直生或稍延生，黄白色至黄色。孔口新鲜时浅黄色至黄色，干后变为黄褐色，伤不变色。菌柄长 3 ～ 8 cm，直径 0.8 ～ 1.6 cm，近圆柱形，初期上部浅黄色至黄色，有腺点，中部褐橘黄色，基部浅黄色至黄色。担孢子 7 ～ 8.5 μm×3 ～ 3.5 μm，椭圆形，光滑，黄褐色。

生境｜夏秋季散生、群生或丛生于松树林或针阔混交林中地上。

分布及讨论｜东北、华北、华中和华南等地区。有毒，可药用。

引证标本｜ GDGM58812，2016 年 4 月 14 日黄浩、邹俊平和宋宗平采集于广东省江门市上川岛。

黄白乳牛肝菌

Suillus placidus (Bonord.) Singer

子实体中型，菌盖直径 5 ～ 8 cm，扁半球形，后近平展，湿时黏滑，干后有光泽，初期黄白色至淡黄色，成熟后变污黄褐色。菌肉白色至黄白色，伤不变色。菌管直生至延生。孔口黄色至污黄色，多角形，每毫米 1 ～ 2 个。菌柄长 3 ～ 5 cm，直径 0.7 ～ 1.4 cm，近圆柱形，内部实心，密被乳白色至淡黄色小腺点，后呈暗褐色。担孢子 8 ～ 9 µm×3 ～ 4 µm，长椭圆形，光滑。

生境｜夏秋季群生于松树林和针阔混交林中地上。

分布及讨论｜东北、华南等地区。可能有毒，食后往往引起腹泻，但也有人浸泡、煮沸、淘洗后食用。慎食。

引证标本｜ GDGM57362，2013 年 6 月 26 日李泰辉、张明和李鹏采集于广东省汕头市南澳岛。

淡紫粉孢牛肝菌

Tylopilus griseipurpureus (Corner) E. Horak

子实体中型，菌盖直径5～8 cm，幼时半球形，表面覆盖着紫色短绒毛，成熟后凸镜形，浅紫色至灰紫色。菌肉厚，白色，伤不变色。菌管近柄处凹陷，菌孔初期白色至淡粉色，成熟后呈粉紫色，多角形，每毫米2～3个，伤不变色。菌柄长5～6 cm，直径1～2 cm，紫色至紫红色，圆柱状至棍棒状，基部粗大，表面粗糙，有时顶端具淡褐色网纹。担孢子9.5～10.5 μm×3～4.5 μm，圆柱状，淡棕色，表面光滑。

生境｜夏秋季单生或群生于阔叶林地上。

分布及讨论｜华南地区。用途未明。

引证标本｜GDGM59381，2017年7月12日钟祥荣、黄浩和黄秋菊采集于广东省江门市上川岛。

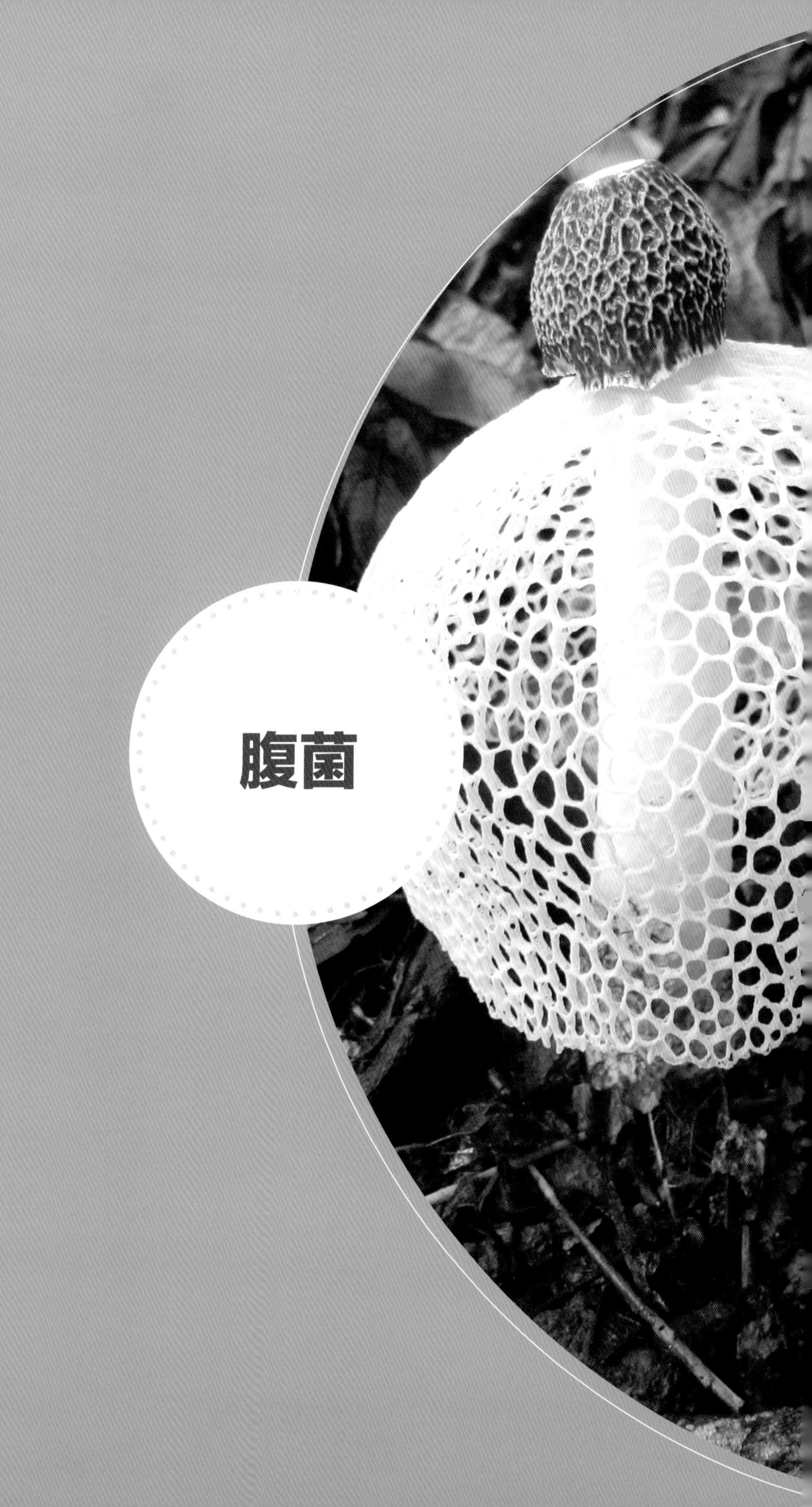

腹菌

小灰球菌

Bovista pusilla (Batsch) Pers.

子实体直径 2 ～ 5 cm，近球形至球形，白色、黄色至浅茶褐色，无不育基部，基部具根状菌索。包被分为两层，外包被上有细小且易脱落的颗粒；内包被光滑，成熟时顶端开一小口。孢体蜜黄色至浅茶褐色。担孢子直径 3 ～ 4 μm，球形，浅黄色，近光滑，有时具短柄。

生境｜夏秋季生于林中地上。

分布及讨论｜各地区均有分布。可食用、药用。

引证标本｜ GDGM57099，2013 年 7 月 25 日李泰辉、黄浩和夏业伟采集于广东省珠海市大万山岛。

粟粒皮秃马勃

Calvatia boninensis S. Ito & S. Imai

子实体近球形或近陀螺形，不育基部通常宽而短，表皮细绒状，龟裂为栗色、褐红色或棕褐色细小斑块或斑纹，直径 6 ～ 13 cm。包被褐色，成熟开裂时上部易消失，柄状基部不易消失。内部产孢组织幼时白色至近白色，后变黄色，呈棉絮状，成熟后孢粉暗褐色。担孢子 4 ～ 5.5 μm×3 ～ 4 μm，宽椭圆形至近球形，有小疣，淡青黄色。

生境｜夏秋季单生或群生于林中腐殖质丰富的地上。

分布及讨论｜各地区均有分布。可食用。

引证标本｜GDGM57360，2013 年 6 月 26 日李泰辉、张明和李鹏采集于广东省汕头市南澳岛。

紫色秃马勃

Calvatia lilacina (Mont. & Berk.) Henn.

子实体宽 6 ～ 9 cm，近球形或陀螺形，不育基部发达。外包被薄，幼时常污褐色，光滑或具斑纹，成熟后易龟裂成块状，并渐脱落，露出内部紫色的孢体。成熟后担孢子及孢丝散落，留下近杯状的不育基部。担孢子 4.5 ～ 6 μm×4 ～ 5.5 μm，近球形，有小刺，略带紫褐色。

生境｜夏秋季于野外空旷的草地或草原上单生或散生。

分布及讨论｜华北、西北、华中和华南等地区。可食用、药用。

引证标本｜ GDGM59549，2014 年 4 月 25 日徐江和周世浩采集于广东省湛江市高桥镇。

隆纹黑蛋巢菌

Cyathus striatus (Huds.) Willd.

子实体高 10 ～ 20 mm，直径 6 ～ 15 mm，倒锥形至杯状，基部狭缩成短柄，成熟前顶部有淡灰色盖膜。包被外表暗褐色、褐色至灰褐色，被硬毛，褶纹初期不明显，毛脱落后有明显纵褶。内表灰白色至银灰色，有明显纵条纹。小包直径 1.5 ～ 2.5 mm，扁球形，褐色、淡褐色至黑色，由根状菌索固定于杯中。担孢子 19 ～ 22 μm×9 ～ 11 μm，椭圆形至矩椭圆形，厚壁。

生境｜夏秋季群生于落叶林中朽木或腐殖质多的地上。

分布及讨论｜各地区均有分布。可药用。

引证标本｜ GDGM57130，2013 年 7 月 26 日李泰辉、黄浩和夏业伟采集于广东省珠海市白沥岛。

木生地星

Geastrum mirabile Mont.

子实体小型，菌蕾宽 0.5 ～ 1.5 cm，球形至倒卵形，外包被基部袋形，上半部开裂成 6 瓣，外侧乳白色至米黄色，内侧灰褐色。内包被无柄，薄，膜质，灰褐色至近暗灰色。嘴部平滑，具光泽，圆锥形，有一明显环带，其颜色较内包被的其他部分浅。担孢子直径 3 ～ 4 μm，球形，具微细小疣，褐色。

生境｜夏秋季生于倒木或树桩上。

分布及讨论｜华南地区。可食用、药用。

引证标本｜ GDGM57543，2013 年 6 月 27 日李泰辉、张明和李鹏采集于广东省汕头市南澳岛。

网纹马勃

Lycoperdon perlatum Pers.

子实体倒卵形至陀螺形，高 2.5 ～ 3.5 cm，宽 2 ～ 3 cm，表面覆盖疣状和锥形突起，易脱落，脱落后在表面形成淡色圆点，连接成网纹状，初期近白色或奶油色，后变灰黄色至黄色，老后淡褐色。不育基部发达或伸长如柄。担孢子直径 3 ～ 4 μm，球形，壁稍薄，具微细刺状或疣状突起，无色或淡黄色。

生境 | 夏秋季群生于阔叶林中地上，有时生于腐木上或路边的草地上。

分布及讨论 | 各地区均有分布。可食用、药用。

引证标本 | GDGM57132，2013 年 7 月 27 日李泰辉、张明和李鹏采集于广东省汕头市南澳岛。

草地横纹马勃

Lycoperdon pratense Pers.

子实体小型，宽陀螺形或近扁球形，直径 2 ～ 3.5 cm，高 1 ～ 3 cm，初期白色或黄白色，成熟后黄褐色或褐色。表面初期具白色小疣状短刺，后期脱落，内部孢粉幼时白色，后呈黄白色，成熟后茶褐灰色或咖啡色。不育基部发达而粗壮，与产孢部分间有一明显的横膜隔离。成熟后从顶部破裂成孔口散发孢子。担孢子直径 3.5 ～ 4.5 μm，球形，有小刺疣，浅黄色。

生境｜夏秋季单生、散生、群生于草地，空旷草地，林缘草地上。

分布及讨论｜各地区均有分布。可食用。

引证标本｜ GDGM58044，2014 年 3 月 21 日徐江和周世浩采集于广东省江门市上川岛。

五棱散尾鬼笔

Lysurus mokusin (L.) Fr.

子实体初期卵球形，成熟后呈笔形。托臂 4 ～ 7 条，红色至粉红色，近顶生，顶端不育，粉红色，初连生，后分开，孢体黏液橄榄褐色，生于托臂内侧。菌柄长 5 ～ 10 cm，直径 1 ～ 2 cm，具有 4 ～ 7 条纵向棱脊，粉红色至红色。菌托直径 1.5 ～ 2.5 cm，近球形，外表白色至污白色。担孢子 3.5 ～ 4 μm×1 ～ 2 μm，长椭圆形至杆状。

生境 | 夏秋季生于林中地上或草地上。

分布及讨论 | 各地区均有分布。有毒，可药用。

引证标本 | GDGM57874，2015 年 5 月 10 日李泰辉和李挺采集于广东省汕头市南澳岛。

纯黄竹荪

Phallus lutescens T.H. Li et al.

担子果中型，高 5 ～ 13 cm。菌盖钟形至近锥形，高 1.5 ～ 2 cm，具不规则网格，顶端平截，有穿孔，黄白色至浅黄色，孢子液暗褐色，恶臭，黏液状。菌裙幼时白色，黄白色至浅黄色，成熟或干燥时亮黄色至深黄色，长 5 ～ 6 cm，网眼多角形至近圆形。菌柄圆柱状，长 7 ～ 9 cm，直径 1 ～ 2 cm，白色，中空，海绵状。菌托污白色至浅黄色，表面细微褶皱。担孢子 3.2 ～ 3.8 μm×1.3 ～ 1.6 μm，椭圆形至长椭圆形，无色，光滑，壁薄，非淀粉质可食；可栽培。

生境｜春夏季单生于阔叶林中特别是白千层林地上。

分布及讨论｜华南等地区。该种可食用。该种子实体生长初期与长裙竹荪 *Dictyophora indusiata* (Vent.) Desv. 外形相似，但后者菌裙一直为白色，不会变色。

引证标本｜ GDGM49991，2013 年 4 月 27 日徐江和周世浩采集于广东省江门市下川岛。

细皱鬼笔

Phallus rugulosus (E. Fisch.) Lloyd

子实体中型，菌蕾卵圆形至卵形，外包被白色、浅粉色至淡粉紫白色。成熟后菌盖和菌柄逐渐伸出外包被，总高 10 ～ 19 cm，直径 1 ～ 2 cm 。菌盖高 1.5 ～ 2.5 cm，直径 1 ～ 1.5 cm ，钟形至圆锥形，有细皱纹及小疣突，暗红色、红色、橙红色至橙黄色，顶部成熟时有一穿孔，表面被墨绿色孢液。菌柄长 7 ～ 12 cm，直径 1 ～ 1.5 cm，圆柱形，上部红色、淡橙色至粉红色，下部色变淡至白色或灰白色，海绵质，表面有凹陷的小孔。菌托白色至浅紫色，外层表面近光滑。担孢子 4 ～ 4.8 μm×1.5 ～ 2 μm，长椭圆形或柱状，带亮橄榄绿色，非淀粉质，光滑，薄壁。

生境｜夏季生于林缘、路边、庭院草地上，雨后成群出现。

分布及讨论｜华中和华南等地区。有毒、可药用。

引证标本｜ GDGM58232，2014 年 4 月 20 日徐江和周世浩采集于广西壮族自治区北海市涠洲岛。

腹菌

淡橙红鬼笔

Phallus sp.

子实体中型，菌盖钟形或锥形，成熟时表面脊状，老后顶端通常穿孔，网格边缘白色至奶油色，产孢组织暗褐色，黏液状，具臭味。菌柄高达 10 cm ，白色，中空，表面泡沫状，有时穿孔，底部有袋状的菌托。菌裙淡橙红色，由顶部菌盖长出，长 4 ～ 6 cm，网格多角形或近圆形。担孢子 3 ～ 4 μm×1.3 ～ 2 μm，长椭圆形至近圆筒状。

生境｜夏秋季单生于草地上。

分布及讨论｜华南地区。用途未明。该种与朱红鬼笔 *Phallus cinnabarinus* (W. S. Lee) Kreisel 近似，但后者菌裙较长，为朱砂红色。

引证标本｜GDGM59421，2017 年 7 月 17 日钟祥荣、黄浩和黄秋菊采集于广东省江门市下川岛。

豆马勃

Pisolithus arhizus (Scop.) Rauschert

子实体直径 5 ～ 9 cm，不规则球形至扁球形或近似头状，下部明显缩小形成菌柄。包被薄，易碎，光滑，表面初期为米黄色，后变为褐色至锈褐色，成熟后上部片状脱落。切开剖面有彩色豆状物。菌柄长 2 ～ 3 cm，直径 1 ～ 2 cm，由一团青黄色的根状菌索固定于附着物上。担孢子直径 7 ～ 10 μm，球形，密布小刺，褐色。

生境｜夏秋季单生或群生于松树等林中沙地或草地上。

分布及讨论｜华中和华南等地区。可食用、药用。

引证标本｜ GDGM40396，2012 年 4 月 23 日李泰辉、张明、李挺和闫文娟采集于广东省汕头市南澳岛。

马勃状硬皮马勃

Scleroderma areolatum Ehrenb.

子实体直径 4 ～ 6 cm，球形，下部缩成柄状基部，具多根状菌索，浅土黄色。包被表面土黄色，被网状龟裂形的褐色鳞片，成熟时顶端不规则开裂。孢体初期灰紫色，后期灰色至暗灰色，成熟后粉末状。担孢子直径 9 ～ 11 μm，球形至近球形，褐色至浅褐色，密被小刺。

生境｜夏季生于林中地上。

分布及讨论｜各地区均有分布。有毒，可药用。

引证标本｜GDGM59543，2014 年 4 月 24 日徐江和周世浩采集于广西壮族自治区北海市山口镇。

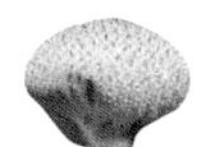

光硬皮马勃

Scleroderma cepa Pers.

子实体直径 4 ～ 10 cm，近球形至扁球形，黄白色至黄褐色，有青灰色至灰褐色裂片状鳞片，基部无柄至有一团根状菌索缢缩成柄状基。包被厚 1.5 ～ 4 mm，初白色至带粉红色，伤后变淡粉红色至粉红褐色或淡褐色，干后变薄，后期呈不规则开裂，外包被则外卷或星状反卷。孢体初白色，松软，渐呈紫黑色，粉末状。担孢子直径 8 ～ 12 μm，球形至或近球形，褐色，具小刺。

生境｜夏秋季散生或群生于林中地上。

分布及讨论｜华中和华南等地区。有毒，可药用。

引证标本｜GDGM43825，2016 年 4 月 14 日黄浩、邹俊平和宋宗平采集于广东省江门市上川岛。

腹菌

多根硬皮马勃

Scleroderma polyrhizum J. F. Gmel. Pers.

子实体未开裂时宽 4 ～ 8 cm，近球形、梨形至马铃薯状，基部往往以白色根状菌索固定于基物上。初为浅黄白色，后变为浅土黄色至土黄褐色，部分干燥的表皮近灰白色，粗糙，常有龟裂纹或斑状鳞片，成熟时呈星状开裂，裂片反卷。包被厚且较坚硬，似革质，伤后稍变褐色或变色不明显。孢体成熟后暗褐色至黑褐色。担孢子直径 6 ～ 9 μm，球形，具小疣刺，小疣刺常连接成不完整的网状，褐色。

生境｜夏秋季单生或群生于林间空旷地或草丛中。

分布及讨论｜华中和华南等地区。可食用、药用。

引证标本｜ GDGM58379，2014 年 4 月 25 日徐江和周世浩采集于广东省湛江市高桥镇。

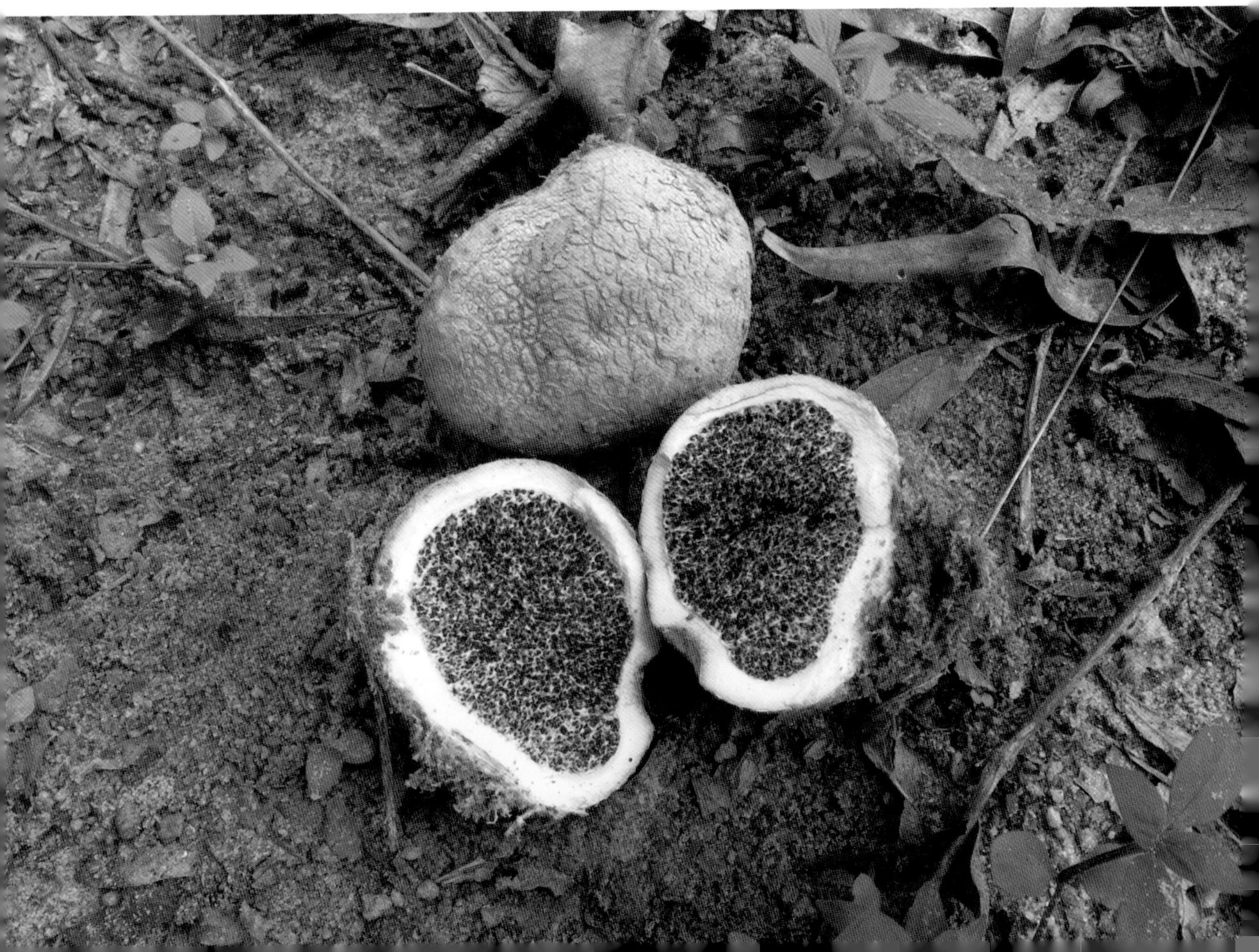

参考文献

鲍安，2014. 涠洲岛可持续发展综合评价研究 [D]．南宁：广西师范学院 .

毕志树，李泰辉，章卫民，等，1997．海南伞菌初志 [M]．广州：广东高等教育出版社 .

毕志树，郑国扬，李泰辉，1994．广东大型真菌志 [M]．广州：广东科技出版社 .

曹洪麟，蔡楚雄，1996．加强广东海岛的林业建设 [J]．广东林业科技（3）：30-34.

戴玉成，崔宝凯，2010．海南大型木生真菌的多样性 [M]．北京：科学出版社 .

戴玉成，周丽伟，杨祝良，等，2010．中国食用菌名录 [J]. 菌物学报，29（1）：1-21.

邓叔群，1963．中国的真菌 [M]．北京：科学出版社 .

邓旺秋，肖正端，李泰辉，2011．有毒裸伞的中国一新纪录种 [C]．中国菌物学会会员代表大会暨 2011 年学术年会 .

邓义，1996．从森林植被特点看广东海岛自然地带属性 [J]．热带地理，16（2）：152-159.

都静，郭洪波，于晓丹，等，2017．中国铦囊蘑属分类研究概况 [J]．贵州科学（5）：1-5.

黄秋菊，图力古尔，张明，等，2017．间型鸡㙡（*Termitomyces intermedius*）：一个分布及讨论于南亚热带至温带南缘的物种 [J]．食用菌学报，24（3）：74-78.

李海蛟，2013．中国栓孔菌属及近缘属的分类与系统发育研究 [D]．北京：北京林业大学 .

李丽嘉，李泰辉，毕志树，1988．西沙群岛大型真菌记述 [J]．中国食用菌（1）：26-27.

李泰辉，宋相金，宋斌，等，2017．车八岭大型真菌图志 [M]．广州：广东科技出版社 .

李玉，李泰辉，杨祝良，等，2016．中国大型菌物资源图鉴 [M]．郑州：中原农民出版社 .

林汝楷，郑群力，江宝兴，等，2012．福建省南部海岛大型真菌考察初报 [J]．食用菌（2）：9-11.

卯晓岚，2000．中国大型真菌 [M]．郑州：河南科学技术出版社 .

邵力平，项存悌，1997．中国森林蘑菇 [M]．哈尔滨：东北林业出版社 .

图力古尔，包海鹰，李玉，2014．中国毒蘑菇名录 [J]．菌物学报，33（3）：517-548.

吴德邻，1994．海南及广东沿海岛屿植物名录 [M]．北京：科学出版社 .

吴兴亮，戴玉成，李泰辉，等，2010．中国热带真菌 [M]．北京：科学出版社 .

吴兴亮，郭建荣，李泰辉，等，1998．中国海南岛的多孔菌资源及其生态研究 [J]．林业科学（6）：77-84.

吴兴亮，卯晓岚，李泰辉，等，2013．中国药用真菌 [J]．北京：科学出版社 .

邢福武，吴德邻，李泽贤，等，1993．西沙群岛植物资源调查 [J]．植物资源与环境学报（3）：1-6.

邢福武，1996．南沙群岛及其邻近岛屿植物志 [M]．北京：海洋出版社 .

严俊杰，刘新锐，谢宝贵，等，2015．中国野生发光真菌新记录种 *Neonothopanus nambi* 的分离、鉴定及其形态观察（英文）[J]．微生物学通报，42（9）：1703-1709.

杨祝良，2015．中国鹅膏科真菌图志 [M]．北京：科学出版社．

臧穆，2006．中国真菌志．第 22 卷，牛肝菌科．Ⅰ [M]．北京：科学出版社．

臧穆，2013．中国真菌志．第 44 卷，牛肝菌科．Ⅱ [M]．北京：科学出版社．

张金霞，陈强，黄晨阳，等，2015．食用菌产业发展历史、现状与趋势 [J]．菌物学报，34（4）：524-540.

张树庭，卯晓岚，1995．香港蕈菌 [M]．香港：香港中文大学出版社．

ANTONÍN V, RYOO R, SHIN H D, 2008. *Gerronema nemorale* (Basidiomycota, Agaricomycetes): anatomic-morphological, cultivational, enzymatic and molecular characteristics and its first records in the Republic of Korea [J]. Czech Mycology, 60: 197-212.

CHEN J, CALLAC P, PARRA L A, et al, 2017. Study in *Agaricus* subgenus *Minores* and allied clades reveals a new American subgenus and contrasting phylogenetic patterns in Europe and Greater Mekong Subregion [J]. Persoonia: Molecular Phylogeny and Evolution of Fungi, 38: 170.

CUI B K, DAI Y C, 2008. *Skeletocutis luteolus* sp. nov. from southern and eastern China[J]. Mycotaxon, 104: 97-101.

DESJARDIN D E, PERRY B A, SHAY J E, et al, 2017. The type species of *Tetrapyrgos* and *Campanella* (Basidiomycota, Agaricales) are redescribed and epitypified [J]. Mycosphere, 8 (8) : 977-984.

GOMES-SILVA A C, RYVARDEN L, MEDEIROS P S, et al, 2012. *Polyporus* (Basidiomycota) in the Brazilian Amazonia, with notes on *Polyporus indigenus* IJ Araujo & MA de Sousa and *P. sapurema* A. Møller [J]. Nova Hedwigia, 94 (1) : 227-238.

HONAN A H, DESJARDIN D E, PERRY B A, et al, 2015. Towards a better understanding of *Tetrapyrgos* (Basidiomycota, Agaricales) : new species, type studies, and phylogenetic inferences [J]. Phytotaxa, 231 (2) : 101-132.

JUSTO A, VIZZINI A, MINNIS A M, et al, 2011. Phylogeny of the Pluteaceae, (Agaricales, Basidiomycota) : taxonomy and character evolution[J]. Fungal Biology, 115 (1) : 1-20.

KARUNARATHNA S C, YANG Z L, RASPE O, et al, 2012. *Lentinus giganteus* revisited: new collections from Sri Lanka and Thailand [J]. Mycotaxon, 118 (1) : 57-71.

KUMAR T K A, MANIMOHAN P, 2004. A new species of *Leucocoprinus* from India [J]. Mycotaxon, 90 (2) : 393-397.

LINNEAUS C, 1753. Species Plantarum[M]. Holmiae: Impensis Laurentii Salvii.

MERTENS C, 2009. *Mycena zephirus*, espèce méconnue en Belgique ? [J]. Revue du Cercle de Mycologie de Bruxelles–n, 9: 20-26.

RAZAQ A, NAWAZ R, KHALID A N, 2016. An Asian edible mushroom, *Macrocybe gigantea*: its distribution and ITS-rDNA based phylogeny [J]. Mycosphere, 7 (4) : 525-530.

RUGGIERO M A, GORDON D P, ORRELL T M, et al, 2015. A higher level classification of all living organisms[J]. Plos One, 10 (4) : 119-248.

VLASAK J, KOUT J, 2011. Tropical *Trametes lactinea* is widely distributed in the eastern USA [J]. Mycotaxon, 115 (1) : 271-279.

WANNATHES N, 2009. A monograph of *Marasmius* (Basidiomycota) from Northern Thailand based on morphological and molecular (ITS sequences) data [J]. Fungal Diversity, 37: 209-306.

WANNATHES N, DESJARDIN D E, RETNOWATI A, et al, 2004. A redescription of *Marasmius pellucidus*, a species widespread in South Asia [J]. Fungal Diversity, 17: 203-218.

WELTI S, MOREAU P A, FAVEL A, et al, 2012. Molecular phylogeny of *Trametes* and related genera, and description of a new genus *Leiotrametes* [J]. Fungal Diversity, 55 (1) : 47-64.

WILSON A W, DESJARDIN D E, HORAK E, 2004. Agaricales of Indoneisa. 5. The genus *Gymnopus* from Java and Bali [J]. Sydowia, 56: 137-210.

WU S Y, LI J J, ZHANG M, et al, 2017. *Pseudobaeospora lilacina* sp. nov., the first report of the genus from China [J]. Mycotaxon, 132 (2) : 327-335.

ZHAO R L, DESJARDIN D E, SOYTONG K, et al, 2010. A monograph of *Micropsalliota*, in Northern Thailand based on morphological and molecular data [J]. Fungal Diversity, 45 (1) : 33-79.

ZHAO R L, ZHOU J L, CHEN J, et al, 2016. Towards standardizing taxonomic ranks using divergence times–a case study for reconstruction of the *Agaricus* taxonomic system [J]. Fungal diversity, 78 (1) : 239-292.

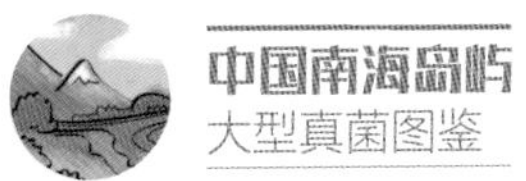

中文名索引

拉丁名索引

A

B

C

D